“十四五”时期国家重点出版物出版专项规划项目
“智慧城市 2035”出版工程
吴志强　盛雪锋　总主编

智能创新设计

INTELLIGENT INNOVATION DESIGN

元宇宙RAR与未来城市设计

METAVERSE RAR AND FUTURE URBAN DESIGN

吴志强　梁靖　著

同濟大學出版社
TONGJI UNIVERSITY PRESS
·上海·

图书在版编目（CIP）数据

智能创新设计：元宇宙 RAR 与未来城市设计 / 吴志强，梁靖著 . -- 上海：同济大学出版社，2025.2.
ISBN 978-7-5765-1245-8

Ⅰ. TB21

中国国家版本馆 CIP 数据核字第 2024Z56S22 号

“十四五”时期国家重点出版物出版专项规划项目
2024 年上海市重点图书
“智慧城市2035”出版工程

智能创新设计——元宇宙 RAR 与未来城市设计

吴志强　梁靖　著

丛书策划编辑：周原田
责任编辑：由爱华 | **助理编辑**：汪鹤 | **责任校对**：徐春莲 | **装帧设计**：陆子安 | **封面设计**：张雪青 陆子安

出版发行：同济大学出版社 www.tongjipress.com.cn
（地址：上海市四平路 1239 号　邮编：200092　电话：021-65985622）
经　　销：全国各地新华书店、建筑书店、网络书店
印　　刷：上海安枫印务有限公司
开　　本：787mm×1092mm　1/16
印　　张：9.75
字　　数：206 000
版　　次：2025 年 2 月第 1 版
印　　次：2025 年 2 月第 1 次印刷
书　　号：ISBN 978-7-5765-1245-8
定　　价：128.00 元

智慧引领变革，数字蝶变未来

“智慧城市 2035”出版工程·总序

今天的中国城市，正在疾步向前拥抱智慧时代。

建设智慧城市、构建城市的数字竞争力，已经成为中国新时代新阶段构建新发展格局、推动高质量发展的重要举措。中国智慧城市经历了十多年的更迭演变，特别是近年来，全球数字化发展浪潮席卷而至，在网络强国、数字中国的战略指导下，数字技术与城市发展深度融合，城市治理、生活服务、产业发展等领域的智慧化应用场景正在持续丰富，数据要素成为新的经济驱动力，智慧城市建设面临着继往开来的重要历史节点。

“数字蝶变”正在加速“城市蝶变”。大量智慧城市建设的背后，展现了中国数字化发展水平正和全球实现同频共振，展现了中国在数字经济领域的突出表现。5G、物联网、云计算、大数据、人工智能、数字孪生等新一代信息技术的逐步成熟及深化应用，为中国城市的数字化创新发展之路提供了强大引擎。但同时也必须看到，如何让智慧城市建设呈现更加宜居、更具韧性、更有温度的属性，面临着重大挑战。这将是一段科技和城市双向奔赴和互相成就的旅程，这也将是一个重塑城市格局的关键时刻！

“智慧城市 2035”出版工程就是面向中国新一轮发展时期、面向 2035 的时代要求，既回顾之前十年中国城市建设数字化、智能化发展历程，更在新的起点上多视角切入中国智慧城市建设的重要方向和前沿要点，凝练并构建未来城市数字化发展的理论体系和实践经验，为构建新时代下中国更高层级、更高水平的城市数字竞争力提供智力支持和行业参考。

吴志强
中国工程院院士
2023 年 10 月 11 日

前　言

人工智能（AI）和增强现实（AR）技术日益成熟，并逐渐重塑我们的生活、工作以及互动方式。在这样的技术变革背景下，我们从设计实践中总结了一系列的城市虚实场景集成技术，完成了面向真实城市场景的虚拟城市场景精准植入，我们把这项技术称为“RAR”（Reality Added Augment Reality）。

“RAR”被称为“真灵技术”，是对前辈科学家的致敬。这项真灵技术诞生在城市真实场景与虚拟现实技术智能植入的过程中，我们将基于真灵技术的虚实城市场景结合与交互的产物称为“城元宇宙”。

我们在几年的探索过程中，积累了一系列在城市虚实场景设计的经验，既有技术上不断的迭代和精准化、智能化，也有场景制作实践过程中的困境和突破，当然也有对城市虚实场景创作与意境的反思。

如何有效地将真灵技术更完美地整合到未来城市设计中，涵盖了以下三条主线：

第一条主线是，在技术不断迭代和进步过程中需要更加精准、无缝地将虚拟的和真实的场景融为一体。我称之为“虚实整体性提升”。

第二条主线是，在场景制作过程中，能够用最好的计算技术和传输技术，更加及时地同步城市居民使用场景的体验，提升体验感。我称之为“完美体验度提升”。

第三条主线是，真灵技术如何以“城元宇宙”更准确地赋能城市本身的发展需求与城市人民的需要。每个城市的发展，每个城市场景的特点，都让每个“城元宇宙”有自己特别的城市发展使命与生命成长的意义。我称之为“场景独特性提升”。

三条主线都服务于一个宗旨，即智能技术赋能城市人民的生活品质提升，创造更美好的城市生活。我们将自己的技术创新和城市场景的创作过程凝练汇集在此，记录成为《智能创新设计》一书。

与完全虚拟的世界不同，城元宇宙是基于城市位置和现场环境的虚拟世界与真实世界的叠合，让虚拟世界和真实世界相互促进、共同发展，从而达到“共生世界”的目标，是体现了中国智慧的元宇宙。元宇宙与设计技术的融合，不仅是技术进步的体现，更是城市设计和规划组织方式的智化变革。

本书汇集了我们团队的研究和设计实例解析，详细演示了基于 RAR 的“城元宇宙”设计创新思想是如何提升城市设计的质量，增强城市环境的可持续性和居民的生活质量。我们精心选取了团队完成的设计项目，包括第五届数字中国建设峰会“福元宇宙”RAR 数字演绎设计、台州“官河水街 • 仙元宇宙”商业街区场景营造设计、青岛西海岸新区“海元宇宙”数字建设等。这些案例充分展现了 RAR 和元宇宙技术在商业、社会和文化各领域的应用，显示了其在促进经济活力、提升社会包容性和保护文化遗产方面的巨大潜力。

本书不仅展示了 RAR 真灵技术的当前应用，更对其未来的发展趋势进行了前瞻性探索，特别是在城市历史文化的可读性提升、消费者体验革新等方面。

我希望此书能够为设计师、城市规划者、政策制定者以及学术研究者提供一份关于如何利用元宇宙技术来优化城市设计和提升城市运营效率的参考指南。本书也尝试为大众读者提供一个关于未来城市设计的、理论与实践结合的全面视角，帮助读者们认识和理解这一创新思路和新兴技术。同时，还希望能激发更多的创新思考，促进跨学科的协作，共同探索数字技术在未来城市设计和未来城市发展中的新作用，为应对未来可能出现的越来越复杂的社会和环境挑战提供创新的思路和智能化的方法，构建更加人性、智能和永续的未来城市。

实际上，除了上面我说到的三条主线以外，这里面最重要的技术还是人工智能技术。这项技术表面带来的是虚拟现实与真实场景的合一，但更重要的是，自我感知、自我体验、自我学习和自我提升的能力使得城市真正有了灵动的生命，而城市的目标正是为城市居民提供更美好的生活体验。

中国工程院院士

2024 年 6 月

目 录

理论篇

THEORY

第 1 章

RAR 真灵技术：未来虚实空间创造

1.1 元宇宙诞生的技术和社会发展背景

随着互联网 3.0、工业 4.0 和社会 5.0 的发展，元宇宙成为当前学界和产业领域备受关注的议题。作为人类对未来社会终极形态的积极想象，元宇宙所探讨的虚实世界的关系将必然影响未来的城市发展。在城市之中，如何利用元宇宙概念推动城市发展，构建什么样的虚实关系以促进城市实体空间建设，采用什么样的方式将其落到实处……这一系列随之而来的问题亟待探讨，以期在当前存量发展的背景之下用虚拟技术推动城市建设与更新，激发城市活力。

作为集成新一代数字技术的新兴概念，元宇宙迅速充溢于各行各业，并引发了各个领域的探讨。然而，学界对元宇宙概念尚未达成共识，呈现出百家争鸣的学术讨论之势，产业领域的探讨更是层出不穷。元宇宙概念最早诞生于科幻文学作品《雪崩》（*Snow Crash*），作品将其定义为一个与现实世界平行的虚拟世界，其概念本质就具有较强的空间属性。在其后不断涌现的文学、艺术作品以及游戏创作中，基本延续了"虚拟平行世界"这一概念设定，并以"开放世界沙盒游戏"最为典型。

尽管对于元宇宙的产业实践明显快于且多于学术探讨，但随着应用场景的深化，围绕元宇宙的学术探讨伴随着产业实践逐渐增多，且由对具体技术的探究逐渐扩展到对整体世界观的定义和价值内涵方面。目前，学界对元宇宙理论层面的探讨主要集中在以下两方面。

1.1.1 从虚实世界、空间的关系解析元宇宙

肖超伟等认为“元宇宙”是一种空间，且与现实空间的关系可以分为数字孪生型、增强现实型和完全建构型；高奇琦、黄欣荣等认为元宇宙是映射现实世界的数字虚拟世界，构成人类思想实验室；赵星等从元宇宙与现实宇宙的关系总结出“平行宇宙观”“融合宇宙观”和“进化宇宙观”关于元宇宙理论概念的三大观点。

1.1.2 从技术实现的视角解析元宇宙

张辉等认为元宇宙是由数字化技术所构建的，数字化虚拟世界和现实世界能够在一定程度上共存共生；赵星等从技术实现的视角将元宇宙的发展路径划分为复刻现实、超脱现实和增强现实三类。

源于对虚实关系的探讨、依托于新兴数字技术的发展，元宇宙这一理论概念必将拥有更为广阔的应用场景。作为诞生之初就有较强空间属性的理论概念，元宇宙揭示了虚拟空间与真实空间的潜在联系，其将对人类生存的最聚集空间——城市，产生巨大影响。

1.2 城市为什么会出现元宇宙

然而，目前无论是在学界还是在产业实践中，城市与元宇宙的结合还都较少被关注到。少量文献初步探讨的元宇宙发展带来的社会空间变化、发展逻辑与规划应对、数字城市设计、数字化室外空间、智慧应用场景等，还都未深入探讨，且易与数字孪生、智慧城市等概念混为一谈。任兵等将元宇宙与城市空间相结合的最新形态命名为“城市元宇宙”（Metacity），并将其阐释为新型智慧城市中继数字孪生城市之后的又一进阶形态，是“利用区块链技术、交互技术、电子游戏技术、人工智能技术、网络及云计算技术、物联网技术六大类技术在虚拟空间中打造的物理城市空间的延伸，以数智文明的视角构造出的未来城市新生态”。该定义从技术应用层面较为清晰地阐释了“城市元宇宙”的

概念，具有一定的借鉴意义，但遗憾的是，该定义多从实际应用的角度出发，尚未对涉及元宇宙本源性的虚实关系展开深入探讨，对于“城市元宇宙”理论概念的阐述不够翔实，这也源于对元宇宙概念的探讨本身就尚未形成定论。尽管“元宇宙”的发展尚处于概念的模糊期和实践的导入期，但在应用层面，其“虚实融合”“以虚促实”的发展趋势是各领域对当前发展阶段的共识。基于此虚实关系的构建逻辑，结合技术应用思考基础的 AR（Augmented Reality，增强现实）、更进一步的 MR（Mixed Reality，混合现实）及更全面的 XR（Extended Reality，扩展现实）必将成为推动虚实交互场景构建的重要入口。在城市这一巨大的真实空间之下，推动“虚实空间”深度融合、以“虚拟”促进城市实体空间发展，需要以 AR 为代表的技术方法推动城市实体空间 R（Reality）的发展，在 R 中实施 AR，以构建起虚实融合的“城市元宇宙”。尽管目前学界对此较少提及，但已有一些先导性实践案例取得了不错的成效：2022 年福州数字中国创新大赛以 AR 技术增强滨水空间体验，营造闽江两岸的大秀，为城市滨水空间激活带来了启示；面对台州官河古道历史文化街区亟待激活更新的现状，以 AR 为代表的技术在现实空间营造了可触可感的全新体验，刺激消费，为文化街区赋能；山水比德设计公司以 AR、MR、XR 为主要技术手段，落位城市真实空间，打造冒险小王子元宇宙主题乐园，用元宇宙推动城市文旅发展……在城市空间建设中，聚焦城市场景构建的具体手段，融合元宇宙概念发展中关于虚实空间关系构建的本源性思考和技术实现手段这两重维度，笔者总结实践经验，提出将 R 与 AR 结合的概念——RAR（Reality Added Augment Reality），并以 RAR 为概念方法，将城市与元宇宙紧密关联，构建“城元宇宙”。本章将在城市建设领域详细探讨 RAR 这一概念，以城市规划与设计实施为导向，提出通过 RAR 技术方法构建城元宇宙的设计架构。

1.3 RAR——真实与虚拟现实在城市中的结合

1.3.1 RAR 概念下虚实世界的关系

中国航天事业奠基人、国家杰出贡献科学家、“两弹一星”功勋奖章获得者钱学森先生早在 1991 年接触到“Virtual Reality”时，就将其取名为“灵境”。

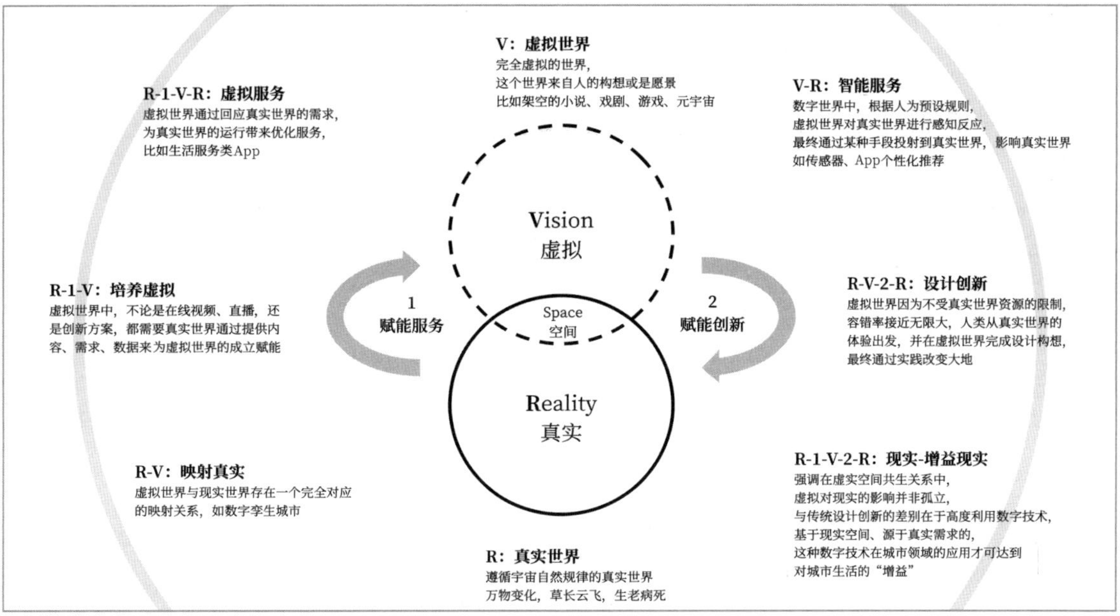

图 1-1 “RAR”重构虚拟世界和真实世界的关系图
来源：笔者自绘

此前在 1968 年，随着 VR 技术的出现与发展，人们开始有机会对虚拟世界进行创造，对愿景中的“灵境”进行了更清晰的描述。伴随着 AR，MR，XR 等一系列虚实技术的不断更新迭代，虚拟世界的“灵境”逐渐可以与现实世界产生互动：通过新技术的应用，根植于愿景中的想象的空间在真实世界中可观可感，“真实世界”与“虚拟世界”产生深刻的联系与互动，呈现出一种“真实世界”与“灵境”交融的状态，“真灵”的概念由此诞生（图 1-1）。

1.3.2 RAR 概念下的虚实空间创造

在 RAR 技术开始介入到城市的规划、建设、运营管理的纵向维度，以及生产、生活、生态的横向维度时，还需以实践为导向的具体方法的指引，才能使其切实对城市建设发展发挥作用。对此，笔者通过全方位总结现有成功的实践经验，结合 RAR 概念的本质特征，提出了“城元宇宙”的十层设计架构，由“虚拟空间的五道设计”和“现实空间的五道设计”互相搭接而成（详见 1.4 节），为指导未来“城元宇宙”的研究与实践提供指导。

1.4 城元宇宙的设计

1.4.1 设计的前提

“城元宇宙”设计始于愿景，落位空间，故在开展具体设计之前需对设计对象所在区域内的集体愿景进行精准捕捉。在实地调研访谈排摸的基础上，要做到“精准”二字，还需借助相关大数据技术对愿景进行挖掘与识别。笔者注意到社交媒体平台这一重要媒介，提出采用带有地理定位的社交媒体数据，提取指定地理区域的人群情绪倾向，判断激发这些情绪的原因，从而实现对指定范围内市民正负向情绪来源的精细捕捉，获取市民对该地理区域内城市空间的不满与渴望，为“城元宇宙”设计的开展提供前提。在厦门，笔者团队利用大数据技术开展了社会舆情分析，采集了以微博为主体的多主流社交媒体平台超过 15 万条的用户文本数据，利用语义分析方法测度情感概率，并将其转译为居民情绪值，用以反映情绪的积极或消极程度。结果显示：厦门人正向情绪的关键词是以“沙茶面”和“海鲜”为代表的“美食”，以及“旅行”和与其相关的“美景”和“记录”两大维度；而厦门人负向情绪的关键点主要是“天气”和“蚊子”，以及“踩雷”和“奢侈”两大层面（图 1-2）。在对厦门城市群落整体情绪意象把握的基础之上，落位厦漳泉 TOD 建设项目，笔者团队进一

图 1-2　厦门市正负向情绪关键词及其动因感知
来源：笔者自绘

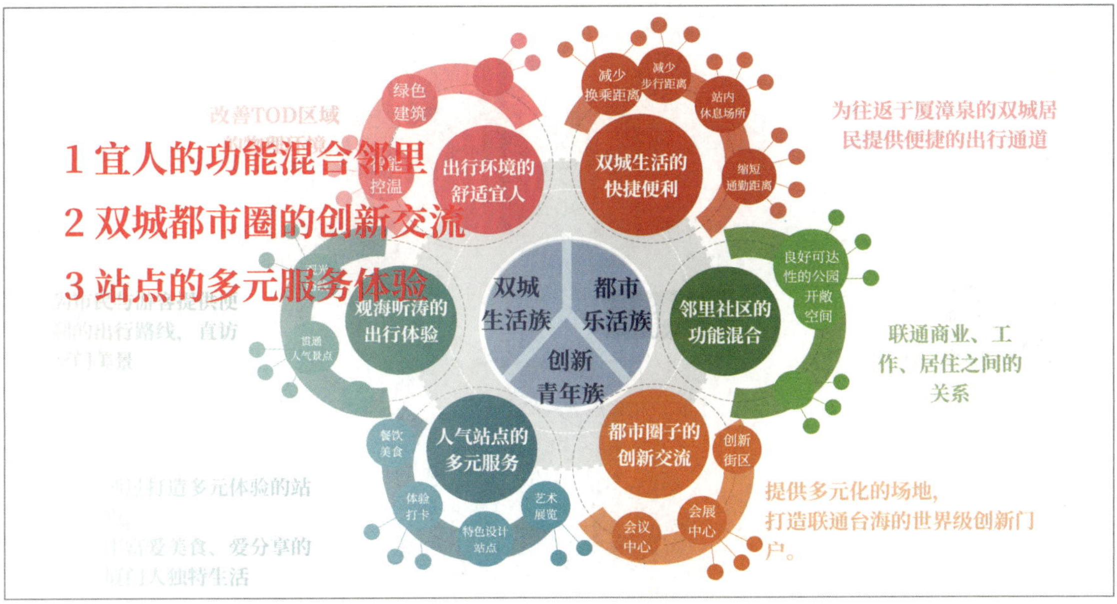

图 1-3　厦漳泉地铁人群画像—需求—服务—空间精准链接
来源：笔者自绘

步总结出三类厦门地铁部落画像，主要分为三类人群：都市乐活族、双城生活族和创新青年族。依据人群画像精准识别需求，进而定制个性化服务，并最终链接到空间设计层面（图 1-3）。以智能感知为基础，以市民愿景为导向，更精准识别，并捕捉个性，这是利用数字技术实现的，是“城元宇宙”的设计前提。

1.4.2 城元宇宙的十层设计架构（图 1-4）

1. 虚拟空间的五道设计

（1）形象设计

愿景需要被表现，喜恶共识需要被传达，回应需求、传达共识需要有载体。在虚拟空间中呈现的载体需要“形象”的创造，这要求设计师在精准把握愿景的基础之上，将愿景在空间中进行形象化演绎，如何设计空间形象以更好地表达向往、创造共鸣、传递价值认同，这是“城元宇宙”设计需要重点考虑的。

（2）时间设计

静态形象可以成为载体，但并不具有真实感与沉浸感。真实感与沉浸感的营造需要设计师为形象赋予“虚拟生命”，即在三维静态形象层面引入时间维

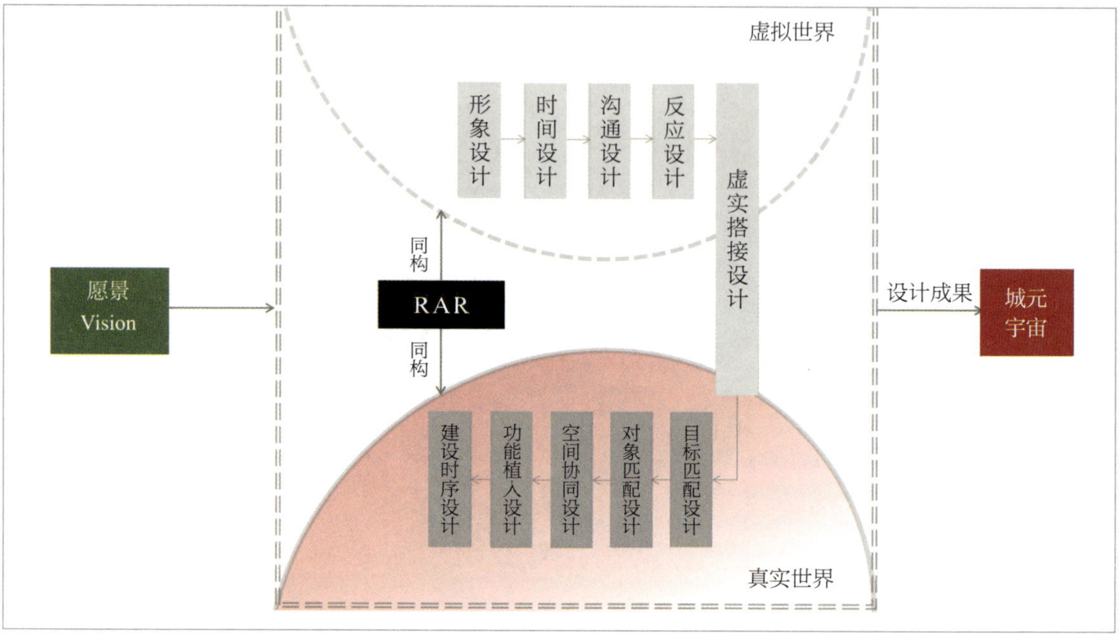

图 1-4 城元宇宙的十层设计架构
来源：笔者自绘

度，依据形象特性设计其运动变化，在形象本体上进行时空轨迹的二次创作。这要求“城元宇宙”设计依据愿景的主命题，创造虚拟世界的运动规律，并能够与真实世界接轨，强化受众对愿景的共识。

（3）沟通设计

将动态形象与场景落地，需着重考虑与空间对象互动的方式。与各类城市建设项目的本质相同，“城元宇宙”设计是以人为本的，虚拟空间的动态化形象与场景以怎样的方式与对象发生关系，是沟通设计需要重点考虑的问题。沟通设计需要考虑两方面的内容，一方面是与设计对象之间的沟通，另一方面是与设计对象的沟通。基于人类的感知能力，设计师依据人类基本五感——视觉、听觉、嗅觉、味觉、触觉，以及超感官知觉开展交互设计，将设计画面、语音、气味、触感等传达于愿景中。

（4）反应设计

与对象产生沟通后，对象会传达沟通反应，这是建立虚实空间互动并以此实现“闭环”的桥梁。通过智能感知收集真实空间的反应，并反馈给虚拟空间，建立“互动—反馈”的闭环，设计师需设计对象反馈方法，建立对象反应机制，有效传达信息。

（5）虚实搭接设计

在虚拟世界中人类可以塑造自身个性化的愿望，那是属于个人的；由虚拟世界向真实世界转接，最终落到某片区内集体赖以生存的现实空间上，就必须强调梦想的协同，强调集体愿景的共构。以上四层设计均可在虚拟世界中依托数字技术手段，在计算机上完成。转到第五层设计，则需要厘清真实空间与愿景之间搭接的可能性，要认清现实世界缺少什么，虚拟世界需要为此补充什么，通过设计补充，使得真实空间的“戏台”可以承载虚拟空间演绎的“戏”。

2. 真实空间的五道设计

（1）目标匹配设计

与目标相匹配是“城元宇宙”设计的出发点。以真实空间为依托开展设计，这要求落点在对痛点、难点问题的攻克，设计目标需清晰、具体；愿景中的虚拟世界与真实世界有所不同，在对愿景精准识别的基础之上，更需要清晰地辨识梦想和现实的差异，并以智能化的设计手段将虚拟世界的愿景和现实空间中的目标相匹配，开展目标的匹配设计。

（2）对象匹配设计

与对象匹配是“城元宇宙”设计的落脚点。落位空间的真实享有者与当前的愿景构建者并不相同，落位真实空间还需与真实空间的使用对象需求匹配，这要求设计师前瞻性地考虑到未来的使用对象，将虚拟空间的愿景转化为切实可感可用的真实空间场景，并与对象需求相匹配。

（3）空间协同设计

空间协同是“城元宇宙”设计开展的必要条件。由虚拟世界向真实世界转接，场景的塑造必须与真实世界相协同，切实地落位到真实空间之中。首先需考虑真实世界的空间尺度如何与创造的虚拟世界场景相协同，落位在真实空间的虚拟世界场景，需根据真实空间具体条件进行二次设计，使其与真实空间具体情况相匹配。

（4）功能植入设计

功能匹配与植入是“城元宇宙”设计的实在性体现。在真实空间中可感可用，对接真实世界的具体需求，设计师需对场景原型植入具体功能，开展功能植入的匹配设计，赋予虚拟空间场景实在性的意义，落位到服务于人类生产生活的各个方面。

（5）建设时序设计

建设时序的安排是“城元宇宙”设计的实施指导。应从实施流程上具体梳理好各个阶段需完成的各个设计目标，将目标拆解，依据实际情况，递进式开展设计实施，顺应人类社会发展的演进规律，从基本目标开始逐步升级提质。建设时序设计须具备前瞻性，提前考虑到真实世界发展带来的变化，并以动态化的方式及时融入变化之中。

参考文献

[1] 肖超伟，张旻薇，刘合林，等 ."元宇宙"的空间重构分析 [J]. 地理与地理信息科学，2022，38（2）：1-9.

[2] 张辉，曾雄，梁正 . 探微"元宇宙"：概念内涵，形态发展与演变机理 [J]. Studies in Science of Science, 2023, 41（5）：769-776.

[3] 高奇琦，梁兴洲 . 幻境与虚无：对元宇宙现象的批判性思考 [J]. 学术界，2022（2）：54-64.

[4] 黄欣荣 . 元宇宙的哲学探索——从信息社会到宇宙大脑 [J]. 理论探索，2022（2）：5-11.

[5] 赵星，乔利利，叶鹰 . 元宇宙研究与应用综述 [J]. 信息资源管理学报，2022，12（4）：12-23，45.

[6] 邓智团 . 元宇宙与城市发展：逻辑阐释与规划应对 [J]. 城市规划学刊，2022（3）：44-49.

[7] 任兵，陈志霞，张茂茂 . 迈向数智时代的城市元宇宙：概念界定与框架构建 [J]. 电子政务，2023（6）：88-99.

[8] 吴志强，桂鹏，周咪咪，等 . 作为国家级新区的地方基因延续探讨——以北京城市副中心为例 [J]. 时代建筑，2019，168（4）：6-11.

[9] 吴志强，鲁斐栋，杨婷，等 . 重大疫情冲击下城市空间治理考验 [J]. 城市规划，2020，44（8）：9-12.

[10] 甘惟 . 城市生命视角下的人工智能规划理论与模型 [J]. 规划师，2018，34（11）：13-19.

策略篇
STRATEGY

第 2 章

RAR 真灵技术创新在商业领域的设计模式

2.1 RAR 对商业街区设计与消费者行为的影响

2022 年 10 月，笔者团队于浙江台州官河水街打造出了首个 RAR 城元宇宙商业街区——“仙元宇宙”（图 2-1）。仙元宇宙项目设计并开发了一个 RAR 漫游系统，该系统从场域、消费、体验、文化四个维度提升了官河水岸商业街区对顾客的吸引力和体验的沉浸感。仙元宇宙在技术上的突破体现在 R（现实世界）部分的建筑灯光、裸眼 3D、楼体投影、水帘和水面投影，与 AR 的虚拟人物和商铺数字招牌进行整合设计，将 XR 技术与线下旅游场景相结合，通过虚实结合的方法，达到增强旅游场景沉浸式体验的效果。通过 RAR 交互的塑造，仙元宇宙为市民带来了新的打卡点，激活了商业街，提升了市民的文化自信。

RAR 的设计是一个革命性的新工作，也是一种复合设计。项目执行的过程需要融入各种虚实技术和跨学科的合作。传统的设计方法和流程无法匹配 RAR 项目。设计者从真实的项目中洞察到研究空白，从 RAR 的视角去更新商业街区的体验设计方法。

现有研究基于 XR 相关应用和系统原型，已开展了线上和线下的服装、美妆等零售行业、购物商场、城市文旅等领域的沉浸式 XR 体验和消费者行为研究。尽管如此，由于硬件的快速发展、团队的跨学科性，以及标准和最佳实践的缺乏，增强 / 虚拟现实（AR/VR）仍然是一个碎片化的设计领域。此外，由于数字内容与真实空间的位姿（位置和姿态的合称）匹配和校准难度较高，在网络通信技术发展尚未成熟前，基于位姿信息的 AR 新应用出现得要比预期的

图 2-1　RAR 城元宇宙 2.0 项目“仙元宇宙”（中国，浙江台州）
来源：笔者自绘

慢。随着基于 5G 移动边缘计算的移动增强现实、云渲染、图像识别和点云扫描等技术的发展与普及，以及近两年“元宇宙”概念的火热讨论，在中国兴起了基于城市真实空间的元宇宙数字场景规划浪潮。地区政府和企业积极布局元宇宙设计，将沉浸式 XR 技术与线下世界现实空间结合，为各种商业体注入经济活力。然而，这种针对真实商业场域的 RAR 体验设计，及其给消费者购买行为带来的影响，目前在学术界尚鲜少被讨论。

在本章中，笔者提出 RAR 诱导消费者行为模型，以探讨在 RAR 城元宇宙语境下如何进行设计和策划、优化消费者体验。笔者基于实际的元宇宙数字场景规划项目，总结适配项目地点的 RAR 城元宇宙消费体验类型，以及 RAR 城元宇宙商业街区中的营销触点。另外，笔者将设计和评估一个 RAR 商业街区系统原型，以项目实践检验模型的有效性，来探究 RAR 体验能否真正促进消费。通过这个方式，笔者希望在城元宇宙的新语境下，为设计师和研究者们提供对于虚实融生技术的新的思考和设计模式，为商业空间的经营者提供具有参考价值的 RAR 技术指南。

2.2 RAR 对消费者体验的提升及购买行为的影响

2.2.1 元宇宙对消费者体验的提升

在商业场景中，AR 技术的应用能够使商店内容更丰富、更吸引人，兼具娱乐性和高效性，从而为消费者提供更优质的服务。相比于线上商店，传统实体商店缺乏为顾客提供大量有效数据的便利性工具，而 AR 可以通过增强功能让客户探索产品属性，比较差异。结合推荐功能，AR 可以在实体店和网购之间搭建桥梁，创造多渠道选择。商家还可以通过 AR 吸引消费者的注意力，激发好奇心，使购物体验更加方便、有趣和令人满意。“增强商店”是通过创新和沉浸式 AR 技术增强的实体零售店。在这种商店中，消费者对真实商店空间、环境和购物体验的感知可通过使用 3D 模型和虚拟场景来传递和增强，消费者能够在真实商店环境中探索并与之自然互动。

为了创造成功的沉浸式服务，一些学者试图了解用户对这些服务体验有哪些期望，以及真实的用户需求是什么，于是进行了探索性研究。研究发现，在实用性上，人们期望 XR 能帮助提高效率，用直观的界面提高其对周围环境信息的认识；在情感上，人们期望 XR 能够提供刺激和愉快的体验，如游戏性、灵感、生动性、集体性和惊喜。卡洛斯 • 弗拉维安（Carlos Flavián）等学者从人机交互过程中提取三维因素：技术（embodiment）、感知（presence）、行为交互（interactivity），提出了技术的 EPI 立方体模型，为现实—虚拟技术建立明确的界限，并进一步分析了这些技术如何通过提供更好的技术增强的客户体验来增加价值。多安 • 古尔索伊（Dogan Gursoy）等提出了一个二维、四象限的元宇宙体验概念框架，从交互性的程度（低和高）和消费者的动机类型（功利与享乐）进行体验的分类，为元宇宙旅游体验（experience journey）的研究奠定了基础。

2.2.2 元宇宙对消费者行为的影响

早期的研究通过实验测试了 AR 在实验领域的优势，研究者发现移动 AR 在城市地区部署时可以改善人们的导航和体验。近年来，在商业领域也出现大量的研究对 AR 应用程序和系统原型进行了用户评估。韩国有学者提出的研究模型总结了用户在旅游业中使用 AR 的三个因素：AR 用户的个人因素（技术准备度）、刺激因素（视觉吸引力）和情境因素（便利条件）。通过对用户对 AR 的信念（感知性和易用性）及其态度的分析，该模型揭示了用户对目的地使用 AR 的意图及访问目的地的意图，基于这些分析，该模型为旅游管理组织和经营者提出了从技术准备度、视觉吸引力和便利条件三个方面出发的实用指导方针。埃莱奥诺拉·潘塔诺（Eleonora Pantano）等人调查了 AR 技术对线上零售环境中消费者行为的影响，提出了消费者技术接受模型，扩展了传统的技术接受模型（基于易用性、有用性和态度），加入交互技术的维度（信息质量、美学质量、响应时间以及依赖于用户体验概念的交互性）。弗朗西斯卡·博内蒂（Francesca Bonetti）等人在调查实体零售店中的 AR 技术应用时发现，AR 有可能改善消费者对产品的视觉化，增加参与度并增强对购物体验的感知，从而有望积极影响零售商和品牌感知，这反过来又可以影响消费者行为。此外，还有学者调查了在实体店环境中，消费者接受的基于 AR 的产品比较和推荐，通过整合三种量表——技术采用倾向指数量表（乐观、熟练、依赖和脆弱）、长期购物倾向量表（体验型或任务型购物导向），以及理性和直觉决策风格量表来评估消费者的购物行为、决策风格和采用新技术的倾向。

最近的一项研究整合过去十年中关于 AR 购物的实证研究文献，报告了 AR 的使用场景（线上与实体店内）、使用设备、应用的产品类型，综合和结构化迄今为止在 AR 购物的实证研究文献中使用的理论、技术特征以及 AR 引发的心理（认知、情感和社会）和行为结果，概念化了 AR 诱导的购物消费者行为的框架。该框架描述了 AR 的各种技术特征可以引发用户的认知、情感和社会心理结果，这些结果又可以转化为行为结果，如购买意图、忠诚度、使用和再使用意图以及口碑。为了研究如何在元宇宙中促进消费，沈冰清等人采用系统的文献综述方法，从应用程序设计和消费者行为研究两个方面对虚拟商业的研究进行了综合调查，考虑了在虚拟商业环境中促进购买的因素，提出一个将购买意图作为结果的概念框架、一个从行为研究论文中识别的边界因素列表，以及一个从设计论文中识别的设计工件（概念、模型、方法和实例）列表，帮助设计用于购买促销的虚拟商业应用程序。

2.2.3 元宇宙在商业领域研究的问题

在技术接受的角度，一些研究已经为 XR 的可用性和易用性方面提供了早期设计指南。然而，这些设计指南很多是以技术为中心。随着元宇宙概念的兴起，部分学者认为当下非常值得研究的问题是，如何利用 XR 技术开发各种内容为客户提供有趣的体验，设计的元宇宙空间应该如何传达品牌的价值。

随着元宇宙概念的崛起和沉浸式技术的成熟，许多学者呼吁未来在 XR、元宇宙方向需要深入研究其如何增强价值主张，并为客户提供价值，通过将营销知识与设计科学相结合，建立品牌社区；或用 AR 讲故事，刺激消费者的购买意愿或决策，为营销人员提供评估原型和具体的设计建议。尤其是在中国式的语境下，如何在城市维度为商业街区进行元宇宙顶层设计，打通线上线下消费体验，是迫切需要具体解决思路的一大研究空白。为了弥补这一板块的研究空白，本章主要探究以下问题：

（1）RAR 如何进行设计和策划以提升消费者体验？

（2）RAR 创新的消费者体验是否能促进消费者购买行为？

2.3 RAR 与消费者行为模型构建

为了解决前文提出的研究问题，笔者根据台州仙元宇宙的项目实践进行抽象提炼，结合现有的相关文献理论框架，构建整合 RAR 特征要素的消费者行为模型，以期为 RAR 商业设计模式提供参考经验。接着笔者通过新的项目实践以验证模型的有效性：以商业街区为研究底板，依托上海南京路步行街的世纪广场城元宇宙设计项目，展开 RAR 商业街区系统原型设计与评估。笔者在完成南京路 RAR 体验原型设计的基础上，通过在线问卷面向消费者收集反馈数据。问卷通过项目原型概念视频与图文模拟体验，帮助消费者在想象中构建起 RAR 商业街区，并模拟在其中畅游和互动，调查和预测消费者的 RAR 消费观念与消费行为，以评估原型设计。本章通过模型构建、设计实践、原型评估三个环节的循序渐进，完整阐明研究逻辑与发现。

通过借鉴 SOR 理论模型（图 2-2）和台州仙元宇宙的项目经验，笔者提出了 RAR 诱导消费者行为的概念模型（图 2-3），以研究 RAR 商业街区体验价值，概念化 RAR 商业街区体验对消费者行为的影响。SOR 理论模型是 1974 年阿尔伯特·梅拉比安（Albert Mehrabian）和詹姆斯·A·拉塞尔（James A. Russell）提出的经典的消费者行为模型，即“刺激—机体—反应”（Stimulus-Organism-Response）。其中 S 指环境中存在的对个体的刺激，O 指个体在受到刺激后产生的认知和情感反应，R 指个体受到刺激后所作出的行为反应。该模型被广泛运用于对消费者行为的预测和解释，如对消费者购买意愿和购买行为的研究。该理论表明产品价格、产品类别等产品因素和消费者认知情绪、个人经验感知等主观因素都会对消费者内在心理状态产生影响，进而影响消费者的购买意愿。

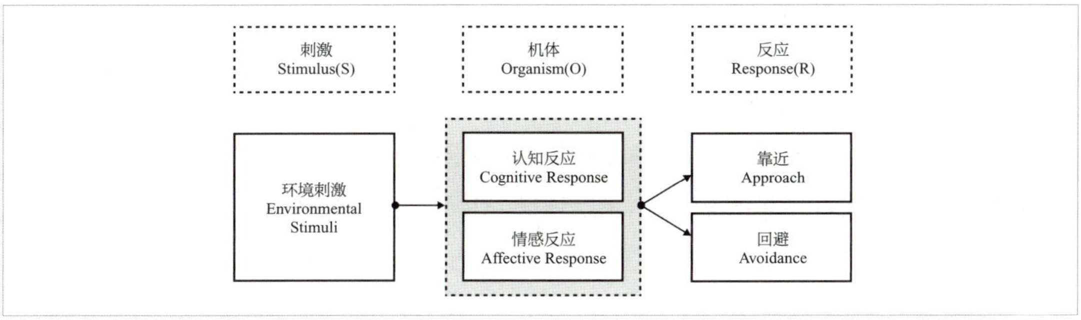

图 2-2　SOR 模型
来源：MEHRABIAN A， RUSSELL J A. An approach to environmental psychology[M]. Cambridge， MA： The MIT Press，1974.（根据文献内容改绘）

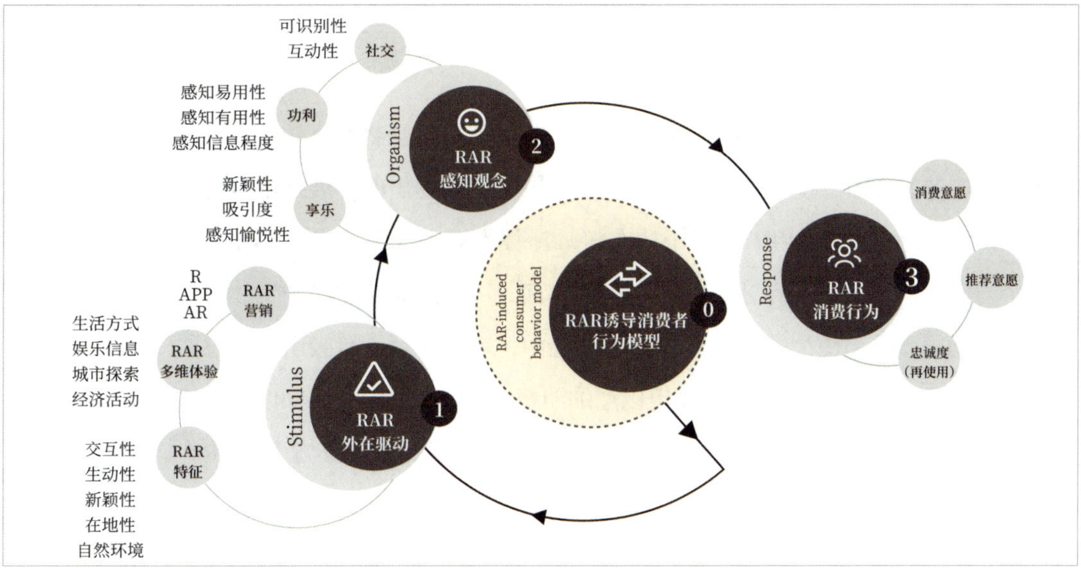

图 2-3　RAR 诱导消费者行为模型
来源：笔者自绘

然而，该模型只为消费者行为方式提供了一个通用的框架，其在各个领域的应用仍然需要将模型与特定的设计语境相结合。因此，本章在经典 SOR 模型的基础上结合AR诱导的消费者购物行为的框架，整合RAR创新的特征要素、体验类型和营销方式，提出 RAR 诱导消费者行为模型，以探讨 RAR 创新在商业领域的设计模式。

2.3.1 S（Stimulus）——外在驱动

由于 RAR 商业语境的特殊性，本章首先确定 RAR 的三个刺激因素：RAR 特征、RAR 多维度体验和 RAR 营销。在 RAR 特征部分，笔者基于 AR 技术的三个核心属性：交互性、生动性以及新颖性，结合 R 的属性，纳入在地性和自然环境特征。基于 RAR 的特征，可以设计多维度的体验，结合古尔索伊（Dogan Gursoy）等人提出的元宇宙多维度体验框架，从交互性和消费动机两个维度，笔者将 RAR 语境下的体验梳理成了生活方式、娱乐信息、经济活动、城市探索四个要素。在多维度体验之上，商店可以进行相应的 RAR 营销，包括传统线下广告投放、手机 App 的推送信息，以及 AR 的沉浸式互动营销。

2.3.2 O（Organism）——感知观念

RAR 语境下，消费者在受到外在刺激后产生的消费观念将发生转变，在这里笔者参考亚历山德拉 • 瑞斯（Alexandra Rese）等人提出的扩展技术接受模型（ETAM）。该模型用于解释个体在接触新技术后表现的行为，主要分为三个方面：享乐、功利和社交。在享乐性方面，AR 被认为能够产生心流和空间在场感，从而使消费者沉浸在购物体验中，带来新颖、有吸引力、感知愉悦的体验；在功利性方面，AR 可以增加消费者在购物过程中感知的信息量，从而影响其对品牌的态度、感知有用性和感知易用性；在社交方面，AR 在带来独特的体验的同时，可以让消费者进行及时的观点采择（或观点分享）等行为。

2.3.3 R（Response）——消费行为

消费观念的转变可以让消费者产生连续的消费行为，分为三个维度：消费意愿、推荐意愿和忠诚度。商店通过使用 AR 技术，可以使消费者感受到更强的品牌参与度，更有可能向其他人推荐相应的商品及感知到的良好的体验，提升消费意愿最终会带来品牌忠诚度。

2.4 RAR 商业街区体验设计与消费者行为研究

为了验证模型的有效性，笔者以上海南京路步行街的世纪广场为设计对象，展开针对当地的 RAR 体验设计。南京路是上海开埠后最早建立的商业街，拥有四大环球百货公司，提供最齐全的中西商品，是当时上海一流商业水平的代表。1999 年南京路步行街经改造后正式建成开街，世纪广场自此成为街上最重要的开敞空间节点。它连接东西的外滩、人民广场，成为南京路的人流集散点，承办各类活动，是最能集聚人气的地方。步入 21 世纪，以旅游经济为主导的南京路，定位中高档，在拥有众多老字号、特产品商店基础上，引进了大批世界知名品牌，但也有了“外地人逛南京路，上海人逛淮海路”一说。如何吸引本地人、年轻人聚集到南京路步行街，为这条商业街带来一场复兴，是亟待解决的设计问题。年轻一代是数字原住民，热衷新科技，拥有多元兴趣，引领国货潮流。对线下购物，他们极为重视消费体验，尤其是消费场景中他们可以拥有的交互自由。由此，笔者通过 RAR 设计手法，结合实体互动装置与虚拟内容设定南京路游览体验动线，打造“中华第一街”的多重宇宙，延续百年的海派生活文化叠加虚实新体验，实现老字号商业街区的数字化新生。

商业街区作为研究底板，体现了一系列不同的用户需求和日常任务，在这些任务中可以利用 RAR 的一些特征。例如，及时性和在地性，让消费者获得额外的产品信息、AR 支持的导航、移动支付、广告和社会互动；R 的裸眼大屏幕、实体拍照互动装置为消费者带来沉浸感。在这种情况下，人们有适当的需求，有时间和兴趣来使用新技术，以实现短暂的活动或长期的娱乐目的。此外，商业街区可以为不同的用户群体提供各种服务，利用 RAR 向用户推荐用户感兴趣的产品或附近的品牌活动，增强互动性，并营造丰富的背景，提供 RAR

多维度的创新消费体验（图 2-4）。

设计项目在低交互性、功利动机的“生活方式”维度，为世纪广场商业街区提供品牌定制化 AR 快闪活动和品牌联名 RAR 展出，利用 AR 创意广告推

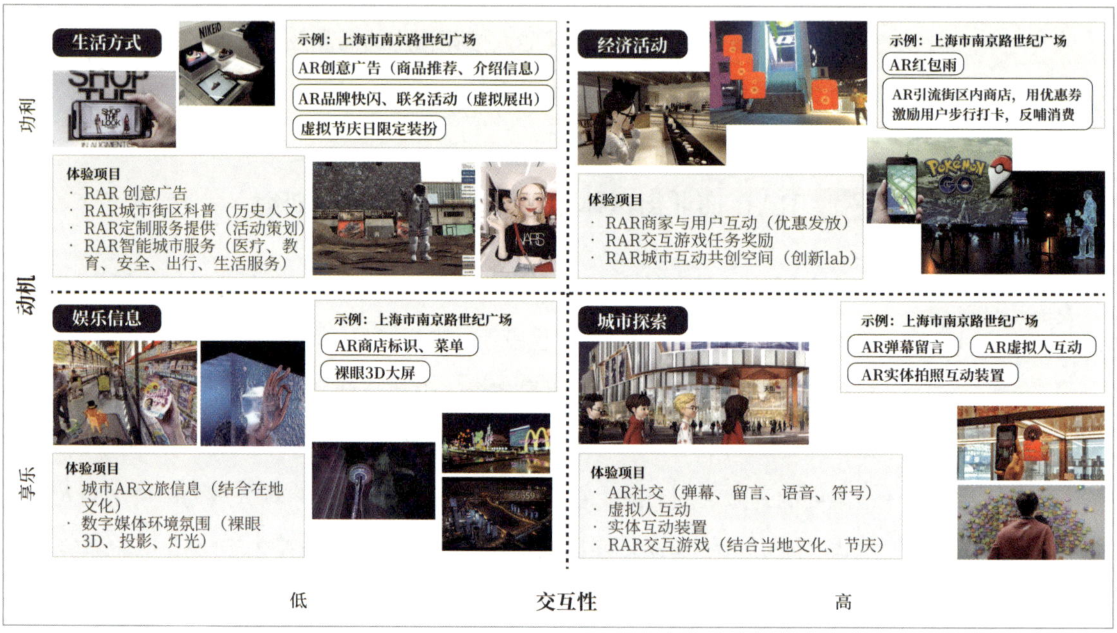

图 2-4　RAR 城元宇宙消费体验类型
来源：笔者自绘

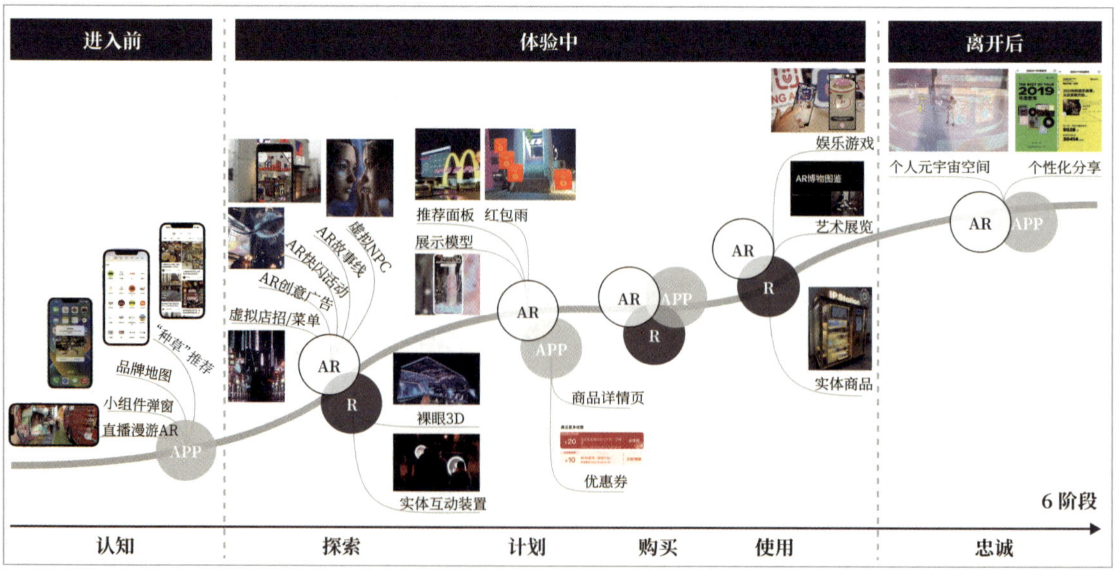

图 2-5　基于 RAR 城元宇宙商业街区客户旅程的营销触点
来源：笔者自绘

送品牌，并提供增强的产品信息，使消费者产生更直观全面的感受；在低交互性、享乐动机的“娱乐信息”维度，利用商业体户外广告大屏打造裸眼3D视觉效果，结合AR的虚拟品牌标识和3D产品模型，营造沉浸式的元宇宙享乐体验，在节庆日也可以利用特定主题的虚实场景限定装扮来丰富元宇宙氛围。在高交互性、享乐动机的“城市探索”维度，消费者既可以在肉眼可见的互动拍照装置上体验AR特效，也可以在虚拟的元宇宙空间中与虚拟NPC（Non-Player Character，非玩家角色）形象共同成长，通过AR弹幕、留言、表情与其他用户进行互动。在高交互性、功利动机下的“经济活动”模式中，笔者提出通过AR红包雨的形式让消费者自主探索商铺优惠券，鼓励消费者在RAR元宇宙街区中漫游并在各个商业体内部打卡兑换积分，将其活动积分转化为获取消费折扣的手段，促使消费者长时间地沉浸在世纪广场周围商圈。

在RAR作为外在驱动因素的“RAR营销维度”，笔者基于菲利普·劳斯纳贝尔（Philipp Rauschnabel）等人提出的使用关键绩效指标的AR营销的客户旅程模型，整合上文提及的适用于世纪广场的RAR城元宇宙消费体验，重新梳理了城元宇宙商业街区的R（真实世界）、AR（增强现实）和App（应用程序）结合的营销触点（图2-5）。

在进入商业街区前，消费者从各个渠道接受推广信息，提前下载App，通过这一触点开始了解世纪广场周围商业体的品牌和优惠。有效地利用移动增强现实购物App体验，可以在客户的决策旅程中发挥重要作用，以实现满意度的提升。

进入商业街区，消费者处于探索品牌、产品和报价的阶段，但没有特定购买需求，可通过R和AR的形式发现新的需求或机会。当消费者第一次进入该商业街区，将会有虚拟NPC以AR的形式介绍世纪广场的RAR城元宇宙故事背景，通过提供一系列选项预收集消费者的个性和品位信息，引导消费者积极前往世纪广场和周边的商铺进行拍照、互动打卡和消费（图2-6）。在此期间，已获取许可的App后台会实时记录消费者的行为喜好，测算生成消费者画像，并在之后根据其偏好提供专属的品牌、产品、活动的智能推荐（图2-7）。在计划的阶段，消费者意识到需要购买特定类型的产品，并细化购买计划。RAR可以提供相关产品信息、优惠、变化和事件的实时通知，例如AR产品3D模型，红包雨特别优惠，App提醒改变开放时间，公共活动和优惠券领取（图2-8），从而提高消费者对当前环境的瞬间意识。特定地点的提醒或产品、环境的3D

图 2-6　RAR 虚拟 NPC 引导消费者进入城元宇宙商业街区
来源：笔者自绘

图 2-7　RAR 系统智能推送产品
来源：笔者自绘

模型，将强化用户的记忆，如记住购买某些商品。接着，RAR 在购买阶段可以提供跨多渠道的无缝集成购物体验。消费者可以通过线下实体店消费（R），或在手机移动端（App）进行线上支付，或直接通过点击产品 3D 模型（AR）进行购买操作。在使用阶段，消费者既可以直接拥有实体商品，也可以享受 RAR 娱乐游戏、艺术展览等沉浸式体验的提升。

在消费者结束体验旅程后，RAR 系统根据消费者的所有行为和偏好生成来自平行世界“多重宇宙”的虚拟形象，将消费者的购物偏好和在该商业街区留下的交互轨迹进行可视化处理，生成个性化海报并分享至社交网络，达成公域和私域引流。消费者的每一次购买交互行为也决定了其虚拟形象的走向。

图 2-8　RAR 环境营造与专属购买优惠
来源：笔者自绘

RAR 在享乐的维度上，提供更多超越消费者期望的灵感和惊喜；在功利主义的维度上，利用 RAR 系统情境感知功能和用户行为记录，通过分析用户早期的行为（拍照打卡、浏览商品、购买商品等），主动提供购物回顾和购物建议，从而产生改变个人消费行为的可能，吸引消费者不断回访并刺激购买，最终提升消费者对该商业街区的服务和体验的忠诚度。

2.5 南京路 RAR 体验项目：消费者行为模型的实证分析与效果评估

在完成南京路世纪广场 RAR 体验原型设计的基础上，笔者通过在线问卷面向消费者收集反馈数据。问卷第一部分包含了项目原型的概念视频与图文描述，以模拟南京路世纪广场 RAR 体验，构建起与消费者的体验链接；第二部分则由与上述视频与图文相关的问题组成，目的是从 RAR 消费观念与消费行为两方面收集消费者对于 RAR 体验接受情况的信息，以验证 RAR 诱导消费者行为模型的有效性。

表 2-1 受访者基本信息

特征	分类	人数	占比
性别	男	56	52.34%
	女	51	47.66%
年龄	18 岁以下	1	0.93%
	18 ~ 25 岁	71	66.36%
	26 ~ 30 岁	19	17.76%
	31 ~ 40 岁	10	9.35%
	41 ~ 50 岁	4	3.74%
	50 岁以上	2	1.87%
学历	初高中	3	2.8%
	本科	51	47.66%
	硕士	48	44.86%
	博士	5	4.67%
职业	全日制学生	45	42.06%
	企业职员	19	17.76%
	服务业人员	4	3.74%
	技术人员	6	5.61%
	研究人员	1	0.93%
	专业人士（如律师、设计师、医护人员等）	11	10.28%
	公务员	7	6.54%
	自由职业	6	5.61%
	其他	8	7.48%
平均月收入	3000 元以下	36	33.64%
	3000 ~ 4999 元	15	14.02%
	5000 ~ 9999 元	17	15.89%
	10000 ~ 14999 元	25	23.36%
	15000 ~ 19999 元	10	9.35%
	20000 元以上	4	3.74%
总计		107	100%

注：由于占比数据只保留两位小数，部分项总和可能不等于 100%。

表 2-2 对 AR、元宇宙的了解程度

条目	指标	人数	占比
对 AR 的了解程度	我对此一无所知	9	8.41%
	我知道这个名字，但不多	24	22.43%
	我对它及其可能的应用略知一二	65	60.75%
	我一直关注着它的发展，并且非常了解它	8	7.48%
	我知道很多，可以被认为是这个领域的专家	1	0.93%
对元宇宙的了解程度	我对此一无所知	12	11.21%
	我知道这个名字，但不多	45	42.06%
	我对它及其可能的应用略知一二	44	41.12%
	我一直关注着它的发展，并且非常了解它	5	4.67%
	我知道很多，可以被认为是这个领域的专家	1	0.93%
总计		107	100%

注：由于占比数据只保留两位小数，部分项总和可能不等于 100%。

为了更好地理解消费者的 RAR 消费观念与消费行为，笔者主要依据 ETAM 和全柱彦（Jeon Joo-Eon）提出的评估元宇宙平台用户体验五维度量表，制订了调查问卷。其中，除了与受访者基本信息有关的问题外，所有项目都是基于 5 分李克特量表（从“1= 非常不同意”到“5= 非常同意”）打分。最终回收有效问卷共计 107 份，反馈情况如表 2-1、表 2-2 所示。

问卷调查的结果显示，在 RAR 消费观念方面，参与者对于享乐性的满意度最高，这包括对南京路 RAR 体验的新颖性、吸引度、感知愉悦性的高度认可。紧随其后的是对社交性的积极评价，具体由互动性与可识别性组成，绝大部分的参与者对于元宇宙特征的独特互动体验表现出了一致的期待。功利性也受到一定肯定，然而略低于享乐性与社交性。受到消费观念的积极影响，在 RAR 消费行为方面，消费者同样表现出正向的消费意愿、推荐意愿和忠诚度。其中，消费者对 RAR 体验系统的积极态度是普遍的，这样的态度影响了消费者对南京路的体验和消费意向（表 2-3）。

总之，参与者普遍对于 RAR 消费体验予以肯定与期待，他们对享乐性、社交性和功利性三方面的积极评价表明，赋予南京路商业街区新颖、鲜明的元宇宙特征以及 RAR 体验，极大提升了南京路的独特性，并且这对年轻消费者而言

表 2-3 评估结果

一级指标	二级指标	三级指标	平均分	表示同意（占比）
RAR 消费观念	享乐	关键属性：新颖性	4.16	85.05%
		我感觉南京路 RAR 体验很新颖	4.16	85.05%
		我之前从未见过这样的商业街体验	4.15	85.05%
		关键属性：吸引度	4.13	82.71%
		该项目设计得很有美感	4.18	87.85%
		南京路 RAR 体验设计看起来很吸引我	4.07	77.57%
		关键属性：感知愉悦性	4.13	78.98%
		RAR 体验看起来真的很有趣	4.13	78.51%
		感觉该 RAR 体验系统在邀请我去探索南京路	4.13	79.44%
	功利	关键属性：感知信息程度	3.87	71.73%
		该系统将帮助我发现新产品	4.01	80.37%
	功利	逛街时使用该系统，我认为找到我喜欢的产品会更容易	3.83	71.02%
		逛街时使用该系统，我认为找到要购买的产品会更容易	3.8	67.29%
		该系统提供了有助于我做出购买决策的信息	3.84	68.22%
		关键属性：感知易用性	3.92	73.37%
		对我来说，学习操作该系统来体验南京路将很容易	3.86	71.96%
		我认为该系统的交互看起来清晰易懂	3.97	74.77%
		关键属性：感知有用性	3.98	80.06%
		对我来说，RAR 体验系统是体验南京路的有效方式	3.91	74.77%
		逛街时使用该系统，让我可以更高效地访问我需要的各类信息	3.94	77.57%
		RAR 体验系统为商业街区新体验提供了美好的想法	4.08	87.85%
	社交	关键属性：可识别性	4.03	79.75%
		该项目有鲜明的元宇宙特征	3.97	79.44%
		该项目让我明确感受、了解到元宇宙能实现的特别体验	4.03	79.44%
		与其他商圈相比，RAR 元宇宙体验让南京路有了明确的独特性	4.10	80.37%
		关键属性：互动性	4.12	82.87%
		根据该项目设计，我能想象未来在南京路逛街时可能实现的互动	4.13	85.05%
		我认为个人对产品、销售、同伴、其他的互动需求将更好被满足	4.07	79.44%
		我认为未来的互动体验可能超乎预料、令我惊喜	4.16	84.11%

续表

一级指标	二级指标	三级指标	平均分	表示同意（占比）
RAR 消费行为	消费意愿	关键属性：行为态度	4.07	81.00%
		使用 RAR 体验系统让南京路更有意思，让我想探索更多	4.09	82.24%
		RAR 体验系统使我的逛街体验更有意思	4.07	82.25%
		其他人也应该尝试这种新的逛街体验	4.04	78.51%
	忠诚度	关键属性：使用意向	3.72	66.04%
		假设未来 RAR 体验系统在南京路启用，当我要出门逛街时，我会立即下载程序去南京路体验	3.74	69.16%
		优先选择 RAR 体验，而不是一般的逛街体验	3.76	69.16%
		优先选择去逛南京路，而不是其他商圈	3.66	59.81%
	推荐意愿	目的地访问意向	3.84	70.72%
		在体验 RAR 系统后，我将再来南京路体验、消费	3.86	70.10%
		在体验 RAR 系统后，我打算经常来南京路体验、消费	3.67	59.81%
		在体验 RAR 系统后，我想向其他人推荐南京路	3.99	82.24%

更具吸引力。RAR 消费体验通过更好地满足消费者对于沉浸体验、偏好探索、个人订制、交互自由的需求，诱导了消费者表现出比以往更强的消费意愿、推荐意愿以及忠诚度。由此，本次调研结果积极验证了 RAR 诱导消费者行为模型的有效性。

2.6 RAR 商业创新实践：从理论到应用的全面分析

2.6.1 RAR 城元宇宙为消费者创造新体验

在消费者进入 RAR 城元宇宙场域之前的认知阶段，借助 RAR 城元宇宙的线上营销与社群触点，消费者可以对场域中的热点有一定的了解，激发前往体验的热情。区别于传统商业街区例如平面广告等被动的营销方式，RAR 城元宇宙的数字孪生特性和实时的虚实互动能力，使其能够通过 RAR 要素联动消费者的电子设备，主动引导消费者进入 RAR 城元宇宙中，使消费者有被接触感与互动感，提升对 RAR 城元宇宙的好感度。

在消费者进行 RAR 城元宇宙的沉浸体验阶段，RAR 城元宇宙通过虚实结合的店招、商品、优惠券和各种交互触点，在用户终端中创造视觉中心，引导并丰富消费者的沉浸式游览体验。对现实空间的数字化叠加不仅极大提升了消费者体验的丰富程度，也使一成不变的物理场域有机会面向不同消费者生成订制化的 RAR 内容，使消费者获得个性化的体验。同时，RAR 城元宇宙借助 RAR 技术的陈列，让消费者不单能体验到商品或场域的视觉属性、使用属性，更能通过多元的展现方式，让消费者获得故事、情感等更高级的体验。特别是具有深厚历史价值的街区，能通过这种方式为消费者创造更加丰富的多层次内容，从而产生更加深刻的联结。

在消费者离开 RAR 城元宇宙的场域后，消费者的足迹被记录在 RAR 城元宇宙中，数字化的全记录方便生成消费者专属的分享，满足消费者的社交传播需求。与此同时，随着消费者与 RAR 城元宇宙的互动越来越多，RAR 城元宇宙也越来越懂消费者的需求，将有机会为消费者再次提供专属的体验，提升消费者的用户黏性。

所以，RAR 城元宇宙在提升消费者体验上，具有相较于传统商业更加丰富、智能、主动的特征。RAR 虚实技术的使用，打通了消费者的线上线下体验，拓展了消费者可触及的场域内容，提供了个性化的消费体验。

2.6.2 RAR 城元宇宙为商业街区注入经济活力

RAR 虚实技术对商业街区的叠加，拓展了街区设计的表达维度，从传统的以空间为导向，渐渐转变为以 RAR 内容为导向。新式的表现技术与方式，打破了商业街区的空间壁垒，广告、商品、建筑等将以更加自由和多元的方式出现在虚实空间内，并超越现实的表现形式，用夸张、诗意、炫目的数字内容对空间完成提升，最终激活商业空间的吸引力、辨识度与独特性。

同时，RAR 内容自由的创作与更新方式，赋予了商业街区改变的可能。区别于传统物理空间的固定性，RAR 赋能的商业街区具备以事件和内容为导向的灵活变幻的可能性。对 RAR 内容的更新给街区带来新的体验，以恒久的生命力服务消费者，不断创建新的消费热点。

元宇宙有两种商业模式：一是通过物品（数字稀缺产品）销售的盈利模式，

二是通过提供广告和营销手段的盈利模式。AR 创造商业价值同样分为两种方式：AR 成为产品本身的一部分，或者成为价值主体的一部分，可以提高整个价值链的绩效。而 RAR 城元宇宙利用自身最大的特质之一，即线上线下的虚实融合，既能成为可以直接消费的产品体系，又能间接为入驻的品牌商创造价值增效。RAR 城元宇宙通过数字化的信息获取和记录，能更加准确地把握消费者动向，借助智能技术为消费者创建专属的体验，从而做到“空间有生命”，使空间能主动与消费者产生交互并对话，不断提升空间与消费者的忠诚度，更新订制化的内容，吸引消费者回流，让商业空间里一直有人的活动。

2.7 RAR 的消费者体验革新与未来挑战

在本章中，我们首先讨论了城元宇宙的概念，以及 XR、元宇宙技术在消费者体验和消费者行为的相关工作，在 SOR 理论的基础上，结合台州仙元宇宙 RAR 项目实践提炼了 RAR 诱导消费者行为模型。同时，基于上海市南京路世纪广场商业街区设计项目，总结了 RAR 城元宇宙消费体验类型，以及 RAR 城元宇宙商业街区客户旅程的营销触点，提出针对世纪广场的元宇宙数字场景规划，对该 RAR 商业街区系统原型进行设计和评估，用项目实践检验模型的有效性。最终的问卷量表数据显示，本章提出的 RAR 商业街区系统模型提升了消费者的体验，对引导消费者行为具有积极作用。由此证明，RAR 城元宇宙能够为消费者提供创新体验，为商业街区注入经济活力。本章提出的 RAR 商业街区系统模型，为设计师和研究者们提供对于虚实融生技术的新的思考和设计模式，为商业空间的经营者提供具有参考价值的 RAR 营销指南。

然而，RAR 技术的包容性仍需要进一步优化，特别是如何做到让更多人可触及与让更多人可使用，是当前 RAR 城元宇宙的局限性以及未来的重要更新方向之一。与此同时，受限于量表的可操作性，未来 RAR 城元宇宙对消费者体验的提升还需要进一步实地考量与验证。

扫码了解南京路 RAR 体验项目

参考文献

[1] BONETTI F，PANTANO E，WARNABY G，et al. Augmented reality in real stores：empirical evidence from consumers' interaction with AR in a retail format[M]//TOM DIECK M C，JUNG T. Augmented reality and virtual reality：the power of AR and VR for business. Cham，Switzerland：Springer International Publishing，2019：3-16.

[2] MARQUEZ J，ZIEGLER J. Human-Computer Interaction-INTERACT 2021[C].Cham，Switzerland：Springer International Publishing，2021.

[3] MITTS P，DEBARBA G. Human-Computer Interaction-INTERACT 2021[C]. Cham，Switzerland：Springer International Publishing，2021.

[4] YE L，XU B，JI Q，et al. Design and implementation of a collaborative virtual shopping system[J]. COMPUTER SUPPORTED COOPERATIVE WORK IN DESIGN I，2004，3168：309-318.

[5] OLSSON T，LAGERSTAM E，KÄRKKÄINEN T，et al. Expected user experience of mobile augmented reality services：a user study in the context of shopping centres[J]. Personal and Ubiquitous Computing，2011，17（2）：287-304.

[6] CHUNG N，HAN H，JOUN Y. Tourists' intention to visit a destination：the role of augmented reality （AR） application for a heritage site[J]. Computers in Human Behavior，2015，50：588-599.

[7] LEE H K，PARK S，LEE Y. A proposal of virtual museum metaverse content for the MZ generation[J]. Digital Creativity，2022，33（2）：79-95.

[8] KRAUSS V，BODEN A，OPPERMANN L，et al. Chi '21：Proceedings of the 2021 Chi Conference on Human Factors in Computing Systems [C]. New York：Assoc Computing Machinery，2021.

[9] SIRIWARDHANA Y，PORAMBAGE P，LIYANAGE M，et al. A survey on mobile augmented reality With 5G mobile edge computing：architectures，applications，and technical aspects[J]. IEEE Communications Surveys & Tutorials，2021，23（2）：1160-1192.

[10] HAMBLEN M. 4 years in，augmented reality in smartphones has yet to catch on[EB/OL]. Computerworld. [（2015-05-15）2023-12-23]. https：//www.computerworld.com/article/2699016/4-years-in--augmented-reality-in-smartphones-has-yet-to-catch-on.html.

[11] Newzoo，伽马数据 . 2021 元宇宙全球发展报告 [R/OL].（2021-12-17）[2024-05-20]. https：//www.199it.com/archives/1360571.html.

[12] HURÉ E，PICOT-COUPEY K，ACKERMANN C L. Understanding omni-channel shopping value：A mixed-method study[J]. Journal of Retailing and Consumer Services，2017，39：314-330.

[13] VERHOEF P C，KANNAN P K，INMAN J J. From Multi-Channel retailing to Omni-Channel retailing[J]. Journal of Retailing，2015，91（2）：174-181.

[14] JAVORNIK A. 'It's an illusion，but it looks real!' Consumer affective，cognitive and behavioural responses to augmented reality applications[J]. Journal of Marketing Management，2016，32（9-10）：987-1011.

[15] FLAVIÁN C，IBÁÑEZ-SÁNCHEZ S，ORÚS C. The impact of virtual，augmented and mixed reality technologies on the customer experience[J]. Journal of Business Research，2019（100）：547-560.

[16] GURSOY D，MALODIA S，DHIR A. The metaverse in the hospitality and tourism industry：an overview of current trends and future research directions[J]. Journal of Hospitality Marketing & Management，2022，31（5）：527-534.

[17] PANTANO E，RESE A，BAIER D. Enhancing the online decision-making process by using augmented reality：a two country comparison of youth markets[J]. Journal of Retailing and Consumer Services，2017，38：81-95.

[18] RIAR M，XI N，KORBEL J，et al. Using augmented reality for shopping：a framework for AR induced consumer behavior，literature review and future agenda[J]. Internet Research，2023，33：242-279.

[19] SHEN B，TAN W，GUO J，et al. How to promote user purchase in metaverse? A systematic literature review on consumer behavior research and virtual commerce application design[J]. Applied Sciences-Basel，2021，11（23）：11087.

[20] KIM M，NOH Y. A case study of the fashion brands marketing via metaverse[J]. The Journal of Transdisciplinary Studies，2022，6（1）：57-76.

[21] RAUSCHNABEL P A，BABIN B J，TOM DIECK M C，et al. What is augmented reality marketing? Its

definition，complexity，and future[J]. Journal of Business Research，2022，142：1140-1150.

[22] MEHRABIAN A，RUSSELL J A. An approach to environmental psychology[M]. Cambridge，MA：The MIT Press，1974.

[23] AZUMA R T. A survey of augmented reality[J]. Presence：Teleoperators and Virtual Environments，1997，6（4）：31.

[24] RESE A，SCHREIBER S，BAIER D. Technology acceptance modeling of augmented reality at the point of sale：Can surveys be replaced by an analysis of online reviews？[J]. Journal of Retailing and Consumer Services，2014，21（5）：869-876.

[25] HILKEN T，RUYTER K，CHYLINSKI M，et al. Augmenting the eye of the beholder：exploring the strategic potential of augmented reality to enhance online service experiences[J]. Journal of the Academy of Marketing Science，2017，45：884-905.

[26] RESE A，BAIER D，GEYER-SCHULZ A，et al. How augmented reality apps are accepted by consumers：a comparative analysis using scales and opinions[J]. TECHNOLOGICAL FORECASTING AND SOCIAL CHANGE，2017，85（1）：15-30.

[27] HUANG T L，LIAO S. A model of acceptance of augmented-reality interactive technology：the moderating role of cognitive innovativeness[J]. Electronic Commerce Research，2014，15（2）：269-295.

[28] HILKEN T，KEELING D I，DE RUYTER K，et al. Seeing eye to eye：social augmented reality and shared decision making in the marketplace[J]. Journal of the Academy of Marketing Science，2020，48（2）：143-164.

[29] MCLEAN G，WILSON A. Shopping in the digital world：examining customer engagement through augmented reality mobile applications[J]. Computers in Human Behavior，2019，101：210-224.

[30] HELLER J，CHYLINSKI M，DE RUYTER K，et al. Let me imagine that for you：transforming the retail frontline through augmenting customer mental imagery ability[J]. Journal of Retailing，2019，95（2）：94-114.

[31] YOO J. The effects of perceived quality of Augmented Reality in mobile commerce—an application of the information systems success model[J]. Informatics，2020，7（2）：14.

[32] DACKO S G. Enabling smart retail settings via mobile augmented reality shopping apps[J]. Technological Forecasting and Social Change，2016，124：243-256.

[33] JEON J E. The effects of user Experience-Based design innovativeness on User– Metaverse platform channel relationships in South Korea[J]. Korea Distribution Science Association，2021，19（11）：81-90.

[34] PORTER M E，HEPPELMANN J E. Why every organization needs an augmented reality strategy[J]. Harvard Business Review，2017，96（2）：19.

第 3 章

RAR 真灵技术创新在社会领域的设计模式

3.1 RAR：探索包容性设计在老龄化社会的应用

RAR 概念涵盖了人类的集体愿景在未来虚实融合城市的体现，那么 RAR 创造的虚实融合的世界自然具有较强的社会属性。在非物质化的创造过程中，生产的内容具有高度的可变性，基于此，设计领域一直以来期望实现的包容性设计在虚拟融合的世界具有了更多真正实现的可能性。

包容性设计是随着“人口老龄化”和“残障”这两个概念的高频出现而诞生的。“包容性设计”一词于 1994 年加拿大多伦多国际人体工程学大会上首次提出，会议上还提出了包容性设计的实践新方法是解决主流设计与老龄化设计间的鸿沟。在城市设计领域，设计师们越来越关注以人为本的设计理念，开始考虑社会中残障人士、老年人等的不同需求。

本章内容专注于 RAR 社会属性中的包容性特征，在人口老龄化程度不断提高的当下，针对老年人的包容性设计是符合时代意义的。因此本章以老年人作为用户对象，考虑老年人包容性设计在 RAR 虚实融合创新应用中的特征与实现的可能性。

3.2 RAR 在城市设计中的社会属性

首先，笔者根据文献调研总结出影响老年人口生活质量的主要三大障碍，即视觉障碍、认知障碍和行为障碍。笔者基于这三种障碍类型，探讨 RAR

虚实结合的城元宇宙在非物质化创造中的社会属性，并讨论其中的包容性特征。

3.2.1 老年人视觉障碍的流行病学与影响

老年人视力丧失的患病率很高，65 岁及以上老龄人口中患病率约为 15%，75 岁及以上老龄人口中患病率高达 30%。视觉障碍对老年人来说是主要的健康问题之一。随着年龄的增长，眼组织的正常功能下降，眼部病变的发生率增加。人口统计学研究表明，年龄是预测失明和视觉障碍的最佳指标。导致老年视觉障碍的最常见原因是老花眼、白内障、老年黄斑变性、原发性开角型青光眼和糖尿病视网膜病变。未经治疗的视觉障碍会导致身体残疾，增加跌倒、抑郁、社会隔离和依赖的发生。尽管近年来医学在治疗与年龄有关的眼病方面取得了重大进展，但许多患者仍然遭受着不可矫正的视力丧失。随着发达国家人口老龄化，视觉障碍的老年人的人数预计在今后几年将大幅度增加。

3.2.2 老年认知障碍的挑战及数字技术的应用

认知过程是由神经过程定义的，它允许我们以目标导向的方式与复杂的环境相互作用。它是一个多方面的过程，包括注意力、记忆、语言、情感等。当多任务同时进行时，正常大脑能够正确从复杂环境中获得信息，避免无用信息的干扰。但如果大脑产生损伤，这个认知过程将失败，导致记忆障碍、学习障碍、注意力缺陷和失语症。

当前，越来越多的人随着年龄增大出现老年认知障碍。随着老龄化社会的发展和老年人口的增加，要保证老年人独立生活能力和积极性，就必须保证老年人能正常认识世界。文献表明，数字技术在这个领域具有独特的方法和作用，虚拟现实技术在认知诊断和治疗方面比传统方法更有效。

3.2.3 老年人行为障碍的挑战与健康维护策略

行动能力、健康状况和身体状态都与生活质量密切相关。世界卫生组织对残疾和行动能力的定义很宽泛，包括室内和室外活动方面，以及对辅助设备和交通工具的使用。自世纪之交以来，65 岁及以上人口急剧增长。随着人们预期寿命的增长，人们在行动中因各类退化与创伤带来的行为障碍也在不断增多。在平均年龄不断增长的当今，如何保证人们的生命健康的问题被长期而广泛地讨论，而维持活动能力是这个问题的核心。随着年龄的增长，行为障碍的风险逐渐增大。例如，50 岁以后髋部骨折的风险急剧增加，几乎 50% 的髋部骨折发生在 80 岁或以上的老人身上。1987 年，美国发生了大约 22 万例髋部骨折，到 2020 年，这个数字增长到 40 多万例。

因此，笔者试图探究以下问题：

（1）以老年人为对象，RAR 在社会领域提升整体包容性有哪些方法？

（2）RAR 在社会领域提升整体包容性有哪些设计指导原则？

3.3 RAR 在包容性城市设计中的应用：策略与实践

RAR 作为以视觉技术为主的多感官复合技术，面向城市空间，应当关注社会中的各个群体，所以在 RAR 内容的设计中需要着重考虑包容性特征，以人类共同愿景为核心构建丰富包容的城元宇宙。技术的发展为人们带来了便利，但与此同时，产品的日益复杂化也为用户带来了不同程度的使用障碍。

技术创新的价值实现很大程度上依赖于是否能成功地实现商业化和普遍应用，将其转化为可用、可及的产品、服务或环境，从这个意义上说，技术进步总是为包容性设计创造更多的可能性，提供更好的平台。包容性设计可以在有限的资源约束下，为创造尽可能多的普惠价值提供方法和途径，从而与辅助技术的发展相辅相成。

目前 RAR 技术已得到许多具体落地的运用，比如本书之后章节将详细介绍的福元宇宙（2022）、仙元宇宙（2022）、海元宇宙（2023）。在当下的技术背景中，RAR 主要呈现为交互性的环境图形内容，本章主要对 RAR 环境图形设计中的包容性特征进行设计方法的探究。

一个从 20 世纪初延续至今的社会问题就是人口老龄化和失能者增加。针对老年人口的视觉障碍、认知障碍、行为障碍三方面的问题，应当在环境图形的设计上，对于弱势人群的视觉特点，即色盲、色弱、单一色彩和复杂文字信息辨识度差等，从色彩选取、图形元素、交互方式三个方向进一步明确 RAR 环境图形的设计风格。

3.3.1 改善导向色彩设计，以增强视觉障碍人群的可访问性

首先是在色彩的选取工作上，为了尽量避免色盲和色弱所造成的障碍性问题，设计中不选用红色、绿色或者低对比度的颜色作为主色调，而选用高对比度的蓝色与黄色，从而更好地完成信息传递工作。在涉及路牌、盲道等功能性较强的空间衔接处要进行更为突出的颜色处理，以帮助视觉障碍人群明确此时位置并指引其下一步动作。

3.3.2 RAR 环境设计的增强、补充与丰富信息的策略

RAR 环境图形元素包括三个方面的设计策略：信息增强、信息补充和信息丰富。

信息增强，指的是对弱势群体图形区分和认知能力的增强手段。图形区分增强包括将点、线、面形状辨识度较高的元素充分介入设计系统，同时通过颜色饱和度、色相和明度进行进一步的区分。

信息补充，指通过外界已有基础设施，如盲道、护栏、扶手、墙体、人行道和线路图等标识进行基于 RAR 的重新建构，更多地补充弱势人群获取信息的渠道。

信息丰富，更多是指从心理感官层面出发，通过 RAR 提供给弱势人群有关交互性、观赏性和关怀性的丰富效果。

3.3.3 RAR 环境中包容性交互设计的策略与实践

目前可用于研究交互设计的包容性设计流程共有两个，一个是剑桥大学工程设计中心提出的“包容性设计轮”（Cambridge Engineering Centre's Inclusive Design Wheel），另一个是由挪威设计委员会提出的四个阶段和八个关键活动的设计流程。

在城元宇宙中，数字化技术创新了城市文化和信息的展陈方式，增强了市民的参与感。体验式、参与式、场景式等多种展示形式，让数字化技术与城市生活体验的方方面面相结合，这种现象被称为“数字亲和力”。随着“数字亲和力”概念的出现，也引发了另一种现象——数字“残疾”，指用户在使用数字界面、交互技术等数字设备时遇到的操作障碍等问题。无论用户是因为身体障碍，如视觉、听觉、肢体、认知残障，还是因为数字世界产生的技术障碍，RAR 的交互设计都应该兼顾弱势群体的使用感、体验感，努力提高交互的自然性和高效性，降低信息获取的门槛。

针对包容性的交互设计方法有许多研究，基于 RAR 的研究现状以及所依托的设备媒介，本章优先以辅助交互的方式进行了 RAR 环境图形设计包容性提升的尝试。在界面动效设计方面，我们更多选择符合用户群体认知的动效曲线，且考虑到信息复杂度和认知负荷问题，只对重要信息作动效处理工作，是设计中需要多加考虑的重点。例如在福元宇宙中，对不安全情况、重点路线、标志性设施等重要信息，都需要动效的涉入以提醒和指引视觉障碍用户做出正确的行为及动作。在未来，随着智能可穿戴设备的功能性不断提升，感官替代技术或多模态的智能交互技术也可以赋能 RAR 环境图形设计包容性。

3.4 RAR 环境图形设计中的包容性特征与策略：从语境分析到信息整合流程

以包容性设计为目标的 RAR 环境图形流程见图 3-1。

3.4.1 包容性设计在 RAR 环境中的应用：基于 FBM 行为模型的策略分析

在语境分析阶段，笔者分别对客观环境和目标人群进行深入调查研究，以设计触点摸排为目的对客观环境进行仔细地考察和记录，从病理因素观察、采集目标人群的行为习惯和行动壁垒，从社会因素采访、分析目标人群由于自身限制而遭受的社会压力和不公平现象。在语境分析的整合方面，FBM（Fogg Behaviour Model）行为模型可用于帮助了解下一步设计的深化方向。FBM 行为模型是由斯坦福大学行为学教授福格提出的一种洞察人的行为的模型，该模型包括三个要素：行为动力、行为能力和触发机制。在 FBM 行为模型中横纵

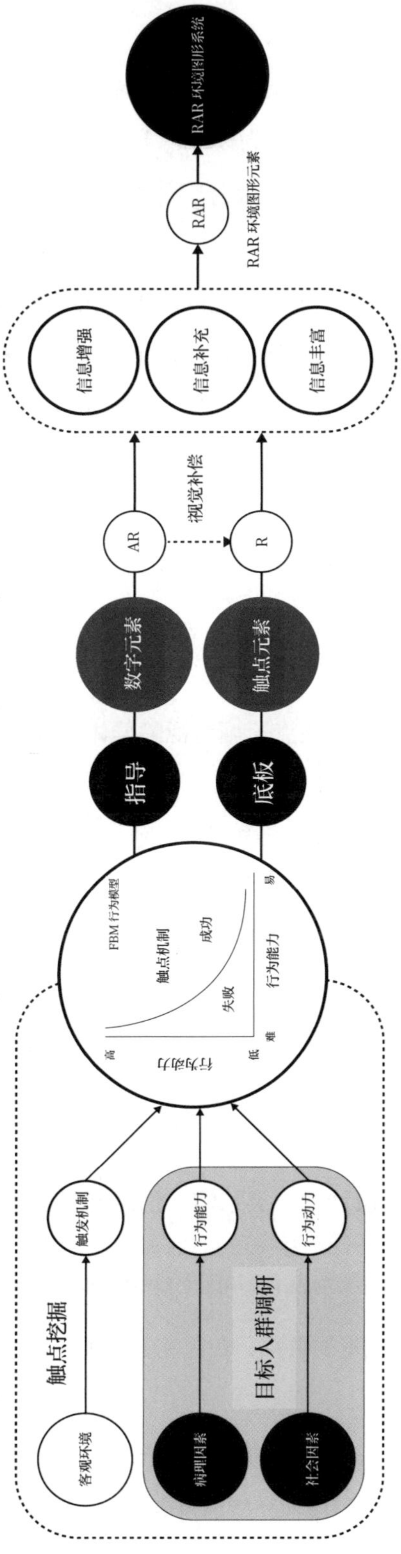

图 3-1　基于 RAR 与包容性原则的环境图形设计流程
来源：笔者自绘

轴分别表示行为能力与行为动力的高低，模型象限对角线表示触发机制以及目标行为的产生与否。根据 FBM 行为模型，笔者首先在大量调研基础上，对目标人群遭受病理因素影响的“行为能力”维度进行基础评估；随后将社会层面目标人群对社会生活的追求和期望达成目标的意愿程度作为“行为动力”维度的评估指标；最后对所挖掘到的触点进行评估，总结出“触发机制”维度上的潜力和不足。由此得出不同人群的包容性设计应侧重的维度。

比如对受心理疾病困扰的人群而言，“行为动力”上的困扰相对而言大于“行为能力”上受到的限制，所以在“触发机制”层面应侧重对该类人群的“行为动力”进行提升。而对于视障人群而言，“行为动力”上的困扰往往弱于“行为能力”上所遭受的限制，故而在“触发机制”上应优先对该类人群的“行为能力”进行辅助提升。

3.4.2 RAR 环境设计中的触点挖掘与视障群体视觉补偿策略

在语境调研中，本章通过对客观环境中触点的挖掘、对目标人群视障群体的病理上的障碍、社会层面与公共行为割裂等因素进行分析，提取出下一步“触发机制”的提升方向，以此作为设计目标，分别确定城元宇宙中虚拟空间数字元素的设计指南，和真实空间的潜在可用触点。在这一阶段需要确定色彩、图形、实现方式等基础的视觉补偿形式，使其能够按照人群需求将数字元素和物理空间元素做结合。

3.4.3 RAR 环境图形设计的三类策略：信息增强、信息补充与信息丰富

环境图形需要承载一定的信息数据，为了使得设计师更好地描述、评估信息和城元宇宙中的环境图形的关系，在此笔者提出了三类策略，分别是信息增强、信息补充和信息丰富。

信息增强指通过 RAR 技术，对真实世界中的已有信息进行强调、突出，从而有效提醒目标人群。信息补充指通过 RAR 技术，对目标人群必需但真实世界中缺乏的关键信息进行补充说明，从而对目标人群的行为活动提供更便捷的指示引导。信息丰富指通过 RAR 技术，使得目标人群能够获取更加多元有

趣的信息，提升公共生活中弱势群体的受关怀程度。

3.5 基于 RAR 环境图形设计的视觉障碍人群校园活动的应用实践与效果分析

基于该 RAR 环境图形设计模型，笔者团队设计了针对视觉障碍人群校园活动 RAR 应用，并得出以下的实践结果和效果图对比（图 3-2）。首先是 RAR 与户外道路空间进行结合，这一部分包括的触点和功能是校园信息多维展示平台，校内功能建筑相关信息的呈现以及地面的线性导视（根据点、线、面，调整线形）。上述的功能和触点可以帮助视觉障碍人群更好地获取活动信息，引导并提高该人群的活动参与期望，并提供给他们更直观的场所导视功能。其次是与校园户外活动空间的结合，包括了校园地理信息、校园达人信息、校园活动引导功能展示呈现。这部分的界面和相关功能可以起到活动宣传和活动引导作用。除此之外，还包括校园环境、道旗的图形导视、路径和排队图形导航，以及室内环境导航等部分。这些功能和具体界面在方向引导、信息提示、路径总览等方向可以达到补充、增强并丰富已有现实信息的效果。

3.6 RAR 环境图形设计中的包容性特征及社会应用探索

RAR 设计需要在设计、技术和未来发展方面不断创新和改进，以满足弱势群体的多样化需求。通过关注用户体验、提供先进的技术支持和持续的发展，RAR 应用可以为弱势群体提供更多的支持和参与机会，促进他们的社交互动、心理健康、教育和培训，实现更加包容和可持续的 AR 体验。为此，设计应注重用户体验、提供先进技术支持和持续发展。为满足弱势群体的需求，RAR 设计需考虑简单易用的界面、提供环境信息、视觉替代和导航支持。技术需求包括物体检测和识别、障碍检测和通知、文字识别和信息服务，以及快速准确的数据处理。设计还需考虑社交参与、心理关怀、教育和培训、可持续性和经济性、信息安全等方面。

基于 RAR 本身的设计集合了人类集体愿景的概念，它不可分割地具有其社会属性。本章探讨了 RAR 在社会属性的应用，聚焦于包容性的特征展开了

图 3-2　基于包容性设计的 RAR 环境图形设计效果图
来源：笔者自绘

论述。经调研发现，老年人是包容性设计对象中的极端用户，且其具有视觉障碍、认知障碍、行为障碍等亟需解决的问题。笔者针对这三大障碍，通过色彩、图形、交互等多个角度进行思考，总结出一个实现RAR的社会包容性的流程模型，并提出 RAR 在提升社会包容性时的设计指南（表 3-1），希望给未来读者在利用 RAR 帮助弱势群体时提供方法论上的参考。

表 3-1 RAR 在社会领域的设计指南

功能性质	定义阐释	实现方式		
可访问性	AR 设计应该考虑各种能力水平和障碍，确保界面和操作方式易于理解和使用，提供多样化的交互方式	用户可以通过语音识别系统来发出命令或询问问题，从而控制虚拟物体或获取相关信息；用户也可以通过语音合成系统来接收虚拟物体或信息的反馈或提示	用户可以通过触摸屏幕或穿戴式设备上的按钮来控制虚拟物体的显示、移动、缩放和旋转，也可以通过触摸屏幕或穿戴式设备上的菜单或图标来选择不同的虚拟场景或模式	用户可以通过手势识别系统来用手势来控制虚拟物体的显示、移动、缩放和旋转
可定制性	提供用户自定义选项，允许用户根据自身需求进行界面和功能的调整	对功能界面进行排列组合，标记常用功能	通过触摸真实物体或基准标记来触发特定虚拟物体或信息	结合用户需求定位，虚拟内容和实体环境的个性化对应关系
增强信息性	利用 AR 技术增强信息反馈和指引，帮助弱势群体更好地理解和参与活动	通过 AR 设备（如眼镜、手机等）看到真实场景中的文字信息，并且允许用户选择对某些文字进行强调显示，如放大、高亮、翻译等	通过 AR 设备（如耳机、手机等）听到真实场景中的语音信息，并且用户可以选择对某些语音进行提示，如重复、翻译、解释等	对现实世界信息进行标注、测量、分析等
辅助功能性	为弱势群体提供辅助功能，如语音识别、屏幕阅读器、字幕等，以增强其与 AR 应用的交互体验 为弱势群体提供各类信息补充，结合多个感官信号，帮助其理解虚实融合的复杂信息	通过增加字幕的方式帮助用户通过视觉方式获取信息	增加语音阅读功能帮助用户通过听觉获取信息	通过语音识别文字的方式增加用户获取信息的维度
空间适应性	因弱势群体感知能力在不同维度有不同的缺失，因此需要增加其对空间方位的识别能力，避免其在虚实世界中感知混乱，设计 AR 应用时应提供导航辅助、地标指引、障碍物检测等功能，帮助用户更好地理解和操作其在现实世界中的行为	通过导航地图手段提升多维度下用户对整个空间范围的认知能力	通过具体的地标指引，帮助用户在狭小空间内识别具体的方向和方位认知	通过障碍物检测与警示的手段，帮助弱势群体在空间内移动，防止因虚实融合的信息而过于复杂而产生安全问题

续表

功能性质	定义阐释	实现方式		
社交性	提供弱势群体与其他用户之间的社交交流和互动机会，以减少社交排斥和孤立感 增加用户在虚实融合的世界中与他人社交沟通的机会，避免用户完全沉浸入自己个人的空间，使整个 RAR 社区产生很强的社交孤独感与孤立感	增加多人共同体验的模式，使用户在虚实世界中的多人互动成为可能	提供社交沟通的接口，使用户能够在虚实世界中与他人发生对话与信息交换	同时保留用户独立探索虚实世界的模式，避免强行增加的社交负担
教育性	利用 AR 技术提供教育和培训的支持，帮助弱势群体获取知识和技能，并提供适应个体的学习风格	提供个性化的学习内容：交互式教学材料	辅助学习工具：可视化解剖模型	辅助学习工具：虚拟实地考察
可持续性和经济性	设计具备可持续性，考虑资源利用和环境影响，降低使用和维护成本，确保经济实惠	节约能源和资源：低功耗的处理器	成本效益高的硬件设备	易于维护和更新的软件系统
信息安全性	重视用户隐私安全，保护个人信息和数据，采取适当的措施防止数据泄露或未经授权访问	加密传输：使用加密技术，如 SSL/TLS 协议	匿名化数据收集，用户许可控制	安全漏洞修复和更新

参考文献

[1] LOH K Y, OGLE J. Age related visual impairment in the elderly[J]. The Medical journal of Malaysia, 2004, 59（4）：562-8.

[2] HOOPER P, JUTAI J W, STRONG G, et al. Age-related macular degeneration and low-vision rehabilitation：a systematic review[J]. Canadian Journal of Ophthalmology, 2008, 43（2）：180-187.

[3] ANGUERA J A, BOCCANFUSO J, RINTOUL J L, et al. Video game training enhances cognitive control in older adults[J]. Nature, 2013, 501（7465）：97-101.

[4] TARNANAS I, LASKARIS N, TSOLAKI M, et al. On the comparison of a novel serious game and electroencephalography biomarkers for early dementia screening[J]. GENEDIS 2014: GERIATRICS, 2015, 821: 63-77.

[5] LIU Y, TAN W, CHEN C, et al. A review of the application of virtual reality technology in the diagnosis and treatment of cognitive impairment[J/OL]. Frontiers in aging neuroscience, 2019, 11：1-5，https://www.frontiersin.org/journals/aging-neuroscience/articles/10.3389/fnagi.2019.00280/full.

[6] SCHULTZ A B. Mobility impairment in the elderly：challenges for biomechanics research[J]. Journal of biomechanics, 1992, 25（5）：519-528.

[7] 黎昉，董华 . 通用设计与包容性设计原则的发展和挑战 [J]. 南京艺术学院学报（美术与设计），2018，179（5）：71-78+210.

[8] 王茜 . 红绿色觉障碍者在界面设计中的色彩选择研究 [D]. 武汉：华中科技大学，2018：50-51.

[9] F OGG B. A behavior model for persuasive design[C/OL]. Proceedings of the 4th International Conference on Persuasive Technology. New York：Association for Computing Machinery, 2009 [2024-05-07]. https://dl.acm.org/doi/10.1145/1541948.1541999.

第 4 章

RAR 真灵技术创新在文化领域的设计模式

4.1 城市历史文化可读性的提升：虚实融合技术的应用与实践

城市作为一个庞大的、复杂的场所，是精神文明的载体，更是居民的栖息之所。按照联合国教科文组织有关文化遗产保护等议程的要求，历史城市文化保护使城市变得更加“包容、安全、有弹性和可持续”。但目前，城市历史文化隐藏在民间野史中，古文化、古历史、古文物都停留博物馆或记忆之中，这也成为城市逐渐走向同质化的重要原因之一。

基于此种情况，城市可读性（Urban Legibility）概念或许会发挥作用。城市可读性概念认为，城市是可以被阅读的，城市不仅仅是自身存在的物理事物，也可以被理解为由它的市民感受到的城市。提升城市历史文化的可读性，能够改善市民的城市体验，提升整个城市的文化内涵，这是塑造城市特性的重要步骤。

为提升城市历史文化的可读性，使得城市精神文明得以通过物质化的方式被阅读，目前已有城市做出了尝试，例如成都“宽窄巷子”的空间重塑，南京“1912”街区改造等。通过此类案例的现有经验可以得知，基于地方历史文化特色进行的场景改造，是激发与唤醒承载着历史记忆的场所的一种普遍手段。但其中涉及的实体建筑、景观的修整与拆建，常常引起居民对住所被改变产生的负面情绪，甚至于牵扯出大大小小的法律、经济纠纷。

在寻找因地制宜的城市场景重塑方式之时，飞速进步的技术为城市可读性的提升带来了技术驱动的解决方案。毫无疑问，AR 通常被认为是城市文化产业革新的一个重要技术工具，而最新的 RAR 技术带来了可以将物理维度与数字维度相结合的行之有效的手段。通过虚拟和现实的结合，创造出一个全新的城市场景感知方式，使得城市居民和游客可以更加直观、生动、丰富地了解和感知城市场景。同时，AR 的虚拟性质使其能够提供多样化、创造性的内容，甚至可以实现多时空交汇、现实与虚拟交汇、未来与当今交汇等神奇效果。

但目前，针对提升城市历史文化可读性的设计方法，特别是虚实融合的设计方法是空缺的。在技术迅猛发展的未来，虚实融合的世界将成为必然，因此，拟合一套关于促使融合创新的设计方法或设计指南是有效且有必要的。笔者针对 RAR 提升城市历史文化可读性的设计指南进行文献调研、筛选排除和凝练总结，总结出共 11 条设计指南，并且为了验证所得出的指南的有效性，展开了以浙江省台州市黄岩区官河古道为研究区域的 RAR 设计项目实践，通过用户反馈得到 RAR 设计成果的使用评价。结果证明，经过上述设计指南的指导，RAR 确实能够提升城市历史文化的可读性，并提供较好的、沉浸式的用户体验。

4.2 城市可读性的演变与新技术应用：从传统理论到 AR 增强的城市体验

4.2.1 城市可读性及新技术背景下的定义创新

城市可读性是由美国知名城市规划理论家凯文·林奇（Kevin Lynch）在其 1960 年出版的《城市意象》（*The Image of the City*）提出的一个开创性的城市设计理论。目前该词被广泛运用在城市设计、城市规划领域，而学界也已经有许多关于城市可读性的研究。

“可读”即为“可以阅读”，林奇认为，城市不仅仅是自身存在的物理事物，而应该被理解为由它的市民感受的城市，林奇将这一概念应用于城市载体中，从而使人可以在城市环境中进行定位。事实上，该概念的出现具有更广泛的意义，作为在当时相对新颖的主要研究普通市民对城市环境感知的经验方法，它促进了一个全新的环境心理学和感知研究领域的出现。但受制于时代背景以及技术现状，林奇仅从城市设计角度出发来解读城市场景可读性，他认为其由五种意象元素组成——道路、边界、区域、节点和标志物。林奇认为，城市可读性意味着城市的各个部分，如上述五种意象元素，能够被清晰识别，并被组成一个连贯的模式，使得人们可以感知一个清晰的环境系统，方便人们迅速和快捷地迁移与活动。

20 世纪 80 年代，进一步的研究使得林奇对城市可读性的结论受到一些反面评价，有小部分学者对林奇对城市可读性组成部分的归类提出了有效性相关的质疑，指出了城市的意象元素之间连贯性的重要性，即一个可读的城市应能够保持城市的突出元素之间的连续性，主要整合者和地标的可视区域应形成一个连贯的结构，可读性的重要性在复杂、密集的城市中持续存在，并且在时间和流动性成为日常城市生活主要挑战的信息时代更加显著。但总的来说，自 20 世纪 60 年代林奇对城市可读性这一概念的开创性工作以来，已经有许多城市设计与规划学者接受了可读性作为城市景观可感知质量的重要指标，同时也是城市设计是否良好的重要评估标准之一。在城市规划和城市设计实践中，英国城市布里斯托在 90 年代采纳了“布里斯托清晰城市”（Bristol Legible City）倡议，其中采用了林奇所确定的可读性的五种意象元素。

随着研究的深入，在 21 世纪初，开始有部分学者提出将城市可读性与城市美学结合进行解读，这也是该概念初步脱离物理层面限制，向抽象领域发展的时期。这部分学者，如 Nigel Taylor 认为，在感知和体验城市之时，人的感官体验通常穿插着对所感知物体与空间的想法，并将意象赋予城市场景或地点。所以除了基于移动、交通为目的的城市可读性之外，其还具有另一个维度，即基于感性、情感等审美感知的城市可读性，它代表人们可以脱离建筑和场景的物质外壳，以感官的审美性感知一座城市，体会庞大城市的感官之美。

近年来，由于城市正在被数字化，所以出现了看待城市的全新角度。部分学者认为，所有这些数字化的、无处不在的系统正在改变人类对时间、空间和流动性的看法，信息技术将会改变当代城市可读性的定义，同时，这也对城市形象的塑造起到至关重要的作用。可读性对用户对城市的理解、体验和享受有很大的影响。此外，它是城市繁荣的关键，可读性可以帮助城市重新思考他们如何呈现、如何沟通，并最终支持用户的“公民自豪感”。Behnoush 认为，城市场景正在被数字化，成为大数据的一部分，这些数字化城市场景甚至可以由来自数十亿台摄像机生成的视频和图像创造，并不断地上传、分享、链接。作为数据，这些数字化的地方是非关系性和非历史性的，无关身份和集体记忆，只有无尽的信息流。根据城市数字化的现状，部分学者认为，当下的城市可读性可以同时在现实和虚拟环境中被感知。Arnaldi 等学者指出，一个城市不仅仅是由建筑物组成的，它还包含许多复杂的其他要素，其中一些甚至可能是看不见的（例如道路信息、可能在地下的网络），它们如今都有可能通过 VR 系统被识别。还有部分学者从新自由主义的角度出发，认为建筑环境系统的可读性范式已经发生变化，城市精神从依靠物理环境转向依靠情感意象来与受众沟通。

几乎所有的城市可读性研究都集中于对可读性的再理解上，其定义范围也从物理空间扩大到了数字空间，目标是创造一个能够与居民有效地互相传递信息的清晰的城市形式。

4.2.2 创新 AR 叙事形式的潜力

从马歇尔·麦克卢汉（Marshall McLuhan）关于电子通信重新整合社会的乌托邦愿景，到网络空间创造新现实的主张似乎已逐渐成为现实，在数字化技术蓬勃发展的阶段，数字媒体叙事自然是重要的环节，因其数字化的本质，其互动叙事的方式也是重要特点。数字媒体中新兴的互动叙事的艺术实践，标志着其与传统叙事的深刻差异。传统叙事理论在互动叙事中的应用存在问题，因为数字媒体的能力挑战了许多与非数字媒体相关的理论的基本假设，在此背景下，原生故事、叙事设计作为新的术语被提出，更充分地描述互动数字故事中的叙事结构。许多虚拟和另类现实项目在数字媒介中创造了叙事体验，这些都是互动数字叙事在不同艺术方法、研究领域（人文学科、计算机科学）和新兴技术（如人工智能、虚拟现实、生成内容）的交汇点，具有不同的广泛应用潜力。

发挥上述潜力的关键因素之一是为用户创造令人满意的体验。交互式数字叙事在取得相当大的技术进步的同时，也存在着开放性问题。比如在利用数字技术进行叙事提升整体信息可读性的过程中，多媒介问题、用户与创作者的角色扮演问题、叙事的效果问题、艺术品伦理问题中都存在着大量亟待讨论的部分。

在各类数字媒介中，AR 技术的信息叠加属性是较为明显的。AR 技术因其能将三维虚拟物体实时集成到三维真实环境中的基本属性，能够自然地扩展一个固定物体的信息量，在多个领域中已经得到了应用。AR 技术通过对数字虚拟信息的创造性表达，能够通过多个模态的共同作用增加信息的复杂度、交互性、层次感和表现力。在这个过程中，一个故事的创作人员的工作方式、讲故事的媒介手段、受众接收信息的途径都会发生变化，甚至创作的形式逐渐走向开放，故事的受众也可以成为共创者之一。

如在新闻业中，数字技术有可能以几种有益的方式产生作用，包括更具吸引力的新的叙事形式，并为报道的事件和问题提供更多的背景、细节和质感。因此，AR 技术可能会更容易吸引到用户个体，引导用户花费更多时间进行增强现实的互动，并可能通过视、触、嗅、听等多个感官增强用户的认知水平与记忆水平。例如在新闻报道中采用 AR 新闻内容或情景纪录片的形式，可能会吸引更多的公民参与。

4.2.3 AR 增强城市历史文化可读性的相关案例

AR 技术，是一种将虚拟内容与现实世界相结合的技术。它采用的技术手段包括多媒体、三维建模、实时跟踪和注册、智能互动、传感等。其原理是将计算机生成的虚拟内容，如文字、图像、三维模型、音乐、视频等，经过模拟后应用于现实世界。通过这种方式，虚拟世界和真实世界的内容相互补充，从而实现对现实世界的补充与提升。AR 技术目前在国内外学术界都已有运用在教育、文旅、医疗等领域的相当数量的研究。其中涉及城市场景的为近年兴起的文旅领域，即通过对现实世界的补充实现城市历史可读性的提升。

国内较为典型的案例有华为于 2020 年推出的“河图”（Cyberverse），其来源于“河图洛书”的传说，是一种全新的“数字现实”技术，它融合了 AR 和 VR，通过强大的 AI 算法和 5G 高速网络，可以在现实世界中实现无缝叠加 AR 效果。它的目标是创造一个完整的数字生态，实现虚拟和现实世界的连接，帮助我们了解过去、走进历史。该项目不仅仅着眼于敦煌的文旅产业，还展示了它在博物馆展陈和文物保护方面更深远的价值。

而在意大利南部的著名文化遗产城市锡拉库萨（Syracuse），自 2014 年以来，该地开发了一个基于 AR 的智能旅游项目“锡拉库萨智慧城市生活实验室”（Smart City Living Lab Siracusa）。该项目建立了架构清晰的，通过由门户网站、应用呈现、二维码组成的集成系统供市民和游客探索文化遗产，以及基于真实场景的交互式多媒体图腾，同时还可为市民提供关于城市治理的数据，或为游客和远方的亲友共创旅行体验。该项目还提出，不应该让 AR 文化遗产项目仅仅作为专为吸引游客而设计的、与当地社区没有任何联系的项目，这并不利于长久的可持续性发展，规划设计应该考虑文化价值、游客知识和真实性等因素以及其公共性质，并且考虑将其纳入长期可持续愿景。

另外还有案例体现在城市历史中。“CityViewAR”是一个移动户外 AR 应用程序，用于提供城市范围内的 AR 信息可视化。“CityViewAR”应用的开发是为了提供新西兰克赖斯特彻奇（City of Christchurch）的地理信息，该城市在 2010 年和 2011 年发生了几次大地震。该应用提供了受地震影响的被毁建筑和历史遗迹的信息，地理定位的内容以多种格式提供，包括二维地图视图，现场建筑的三维模型的 AR 可视化、沉浸式全景照片和列表视图。该项目的结果显示，以多种形式呈现信息使公众容易获得这些信息，可以帮助人们在城市中获得更丰富的体验。

4.3 基于 AR 技术提升城市历史文化可读性的设计指南

自从 AR 技术诞生以来，XR 社区一直在提出一些原则、指导方针和策略，用于设计使用 AR 应用程序的用户界面和交互。然而，AR 技术的多样性和复杂性经常导致失败报告的出现。从令人感到幽默和尴尬的错误到更严重的错误表明，当用户不能有效地理解或控制 AR 技术时，就说明设计师和开发人员还要继续努力创建直观和有效的 AR 控制与使用系统。AR 技术的不断进步将为人机交互、设计、技术领域带来一系列挑战和机遇，虽然这样的开发需要持续的研究和检验，但是笔者也看到了开发可重用（指同一事物不加修改或稍加修改，就可以在不同环境多次重复使用的性质）指南的价值，这些指南可以被 AR 社区共享、完善和讨论。开发和使用这样的共享指南可以帮助设计和评估 AR 注入系统，使人们可以理解、信任并有效地参与其中。本章专注于 AR 技术在增强城市历史文化可读性方面的作用，并考虑用户在获取历史文化信息中产生的用户体验的问题，同时考虑 AR 如何切实有效地提升用户的可读性。经过如下一轮的迭代与精简凝练，最终得到了基于 AR 提升城市历史文化可读性的 11 条设计指南（表 4-1）。

表 4-1 设计指南

指南类型	指南内容
文化内容相关设计指南	G1：增强数字内容呈现真实环境或文物的对应关系，联系真实世界
	G2：将多个时空的历史内容在虚拟空间中同时呈现，实现时空弥合
	G3：使文化内容的呈现与用户的文化认知水平相协调，减少认知负荷
	G4：增加数字内容的接口，允许外部科普知识的引入，丰富知识获取
用户体验相关设计指南	G5：根据用户的移动实时变化文化虚拟内容，基于位置实现层次化展现
	G6：设计多重文化共同存在时呈现的优先级，数字内容按顺序呈现给用户
	G7：减少交互所需的认知成本以及交互步骤，使用户专注于主要目标
	G8：数字呈现方式协调真实世界中认知方式，减少用户学习操作的负荷
	G9：考虑应用在多设备环境运行的硬件问题，降低用户参与体验的成本
可读性相关设计指南	G10：强调最具历史和文化价值特征的形象和叙事，塑造城市形象与区分度
	G11：实现空间内适当的文化经济结合与利用，提高空间活力与可读性

4.3.1 筛选文献搜集

笔者收集了 AR 设计的相关文献，这些文章中有一些是与历史文化传播相关的考虑，有的主要关注 AR 用户体验过程中的问题与考虑，有的则专注于城市可读性的提升，包括学术论文与公开发表的文章。总的来说有以下三类。

（1）近期有关 AR 设计的公开文章和社论；

（2）关于 AR 设计的学术论文；

（3）关于城市可读性设计的学术论文。

4.3.2 总结初步设计指南

通过阅读上述文献中提到的设计考虑，笔者对其在提升城市历史文化可读性时的作用方式进行了思考与总结，基于此获得了 39 条潜在的 AR 提升城市历史文化可读性的指南。但是目前的指南涵盖范围仍旧较大，条例之间具有重复性，并有一些条例需要调整与删除，因此笔者进行了下一步的缩减与凝练。

4.3.3 缩减与凝练

在对城市历史文化的 AR 应用中，笔者通过一系列的图表化过程，从最初的广泛和多样的概念中筛选整合，最终明确了三大核心领域：文化内容、用户体验和可读性。初始的设计指南有 19 条。然而，为了确保这些指南具有针对性和实际应用价值，笔者进一步对其进行了审查和优化。一些模糊或不适用于城市历史文化背景的概念被剔除，同时对一些已有的概念进行了优化或合并，确保其更为精练。经过一系列的调整和优化，设计指南最终被缩减至 11 条，这也标志着指导方针的第一次成功迭代。具体来说，该指南分别从文化内容（4 条）、用户体验（5 条）以及信息可读性（2 条）三个维度进行了梳理。

4.4 利用 RAR 技术提升城市历史文化可读性的实践案例研究

为了验证设计指南的有效性，笔者开展了面向浙江省台州市黄岩区官河古道的 RAR 设计项目实践。该地已有千年历史，沿线有诸多文物古迹与历史遗存，布局和建筑风格也颇有江南水乡特色，是一个典型的置身于现代城市中的历史街区。该项目的技术方案和可读性效果提升，都可以提供关于 RAR 技术在虚实空间中提高城市历史可读性的潜力的探索性见解。

4.4.1 案例介绍

黄岩区，隶属浙江省台州市，位于浙江黄金海岸线中部，辖区内的黄岩古城有着悠久的历史文化与独特的精神文明。所谓官河，指的是由地方官府组织开凿的人工水道。黄岩古城的古护城河由东官河、西官河、南官河、永宁江“一江三河”环绕而成，始凿于五代吴越国时期，成型于北宋，鼎盛于南宋，目前已实现全线水系贯通，是历史上重要的生活河道和航运官河，也是当地贯穿历史与现实的重要城市地标和文化符号。

2022 年 10 月，笔者团队提出“打造中国特色的元宇宙街区”的方案，在台州官河水街街区打造出了首个 RAR 城元宇宙商业街区——“仙元宇宙”。仙元宇宙项目设计并开发了一个增强现实漫游系统，对真实历史建筑、投影系统与 AR 部分的虚拟人物形象、标志系统、视觉元素进行了创新性的整合设计，以寻求真实世界与虚拟世界的良性循环，帮助传统历史街区从数字层面提高可读性（图 4-1）。

图 4-1 “仙元宇宙”项目效果图
来源：笔者自绘

图 4-2　特色 IP 人物形象设计（部分）
来源：笔者自绘

内容上，该项目基于官河古道本身的建筑特征，串联东官河、南官河、西官河、永宁江沿线南宋特色人文资源，利用 RAR 技术以真实世界赋予虚拟世界线下体验的优势，将黄岩民间故事融入数字演绎内容，并以官河古道旁的商铺与历史古迹为幕景，使得多种内容在十里官河上重现。在体验和演绎中，原本复杂的故事剧本被转换为了视觉体验，结合特色 IP 人物形象的打造，有效地降低了不同年龄段和文化水平的用户的认知成本（图 4-2）。

体验上，该项目实现了基于技术驱动的用户方案。在官河古道区域，有十余处节点可提供包括投影、AR 交互在内的不同类型的体验，而从室外场景到室内场景的无缝衔接使用户移动所带来的卡顿与衔接不流畅等问题得到大大缓解，数字内容在物理空间中的叠加更加真实，不同元素之间的视觉层次也由于动效的不同类型和呈现层级得到了区分。同时，RAR 技术的应用使得体验方式变得简单，用户只需要打开应用，配合简单的点击操作，便可以透过镜头体验任何自己想要体验的功能。而且该应用在大多数移动设备上均可运行，较高的可用性使得用户更易参与体验。

可读性上，街区“以宋韵为魂”，项目中全部数字意象的选取均来自于黄岩特色文化，如当地特产“橘树”、文化胜地“翠屏山”、历史名人等，使十里官河再现江南胜景，并且以当地从古至今的历史发展为时间线索创建了沉浸式数字演绎，将数字技术与城市空间有机地融合起来，使得用户可以从数字空间“阅读”、理解和感知这个街区与城市。为寻求该街区的可持续发展，该项目还计划以文引旅、以旅养文，建立可游、可购、可休闲、可体验的新地标，将部分商铺也加入体验节点中，激活了商业街，将元宇宙场景应用与区域经济结合起来，不仅可以帮助用户更好地创建认知地图，还可以提升地区的空间活力。

4.4.2 数据收集与分析

为评估该方法的有效性，笔者进行了一次数据收集和分析。它涉及“仙元宇宙”项目应用内容、功能、体验与后续效果的深入内容分析，目的是为了突出积极和消极的因素。收集和分析数据的方法是对八个内部（项目负责人、设计者、实施者等）和外部（游客、当地居民等）的利益相关者进行半结构化访谈。所有的受访者都应参与过该项目的直接体验，因此，该访谈能更好地收集更直接有效的反馈。

访谈基于一系列问题展开，第一部分旨在确定受访者的基础个人信息，包括年龄、性别和教育水平等，而第二部分旨在确定受访者对 RAR 方法与历史街区结合体验的意见，该部分问题都是基于之前的文献搜集成果设计的。这些问题主要涉及作为用户对于 RAR 体验的期望，例如，RAR 方法对提升当地历史可读性的好处，RAR 体验的视觉吸引力，技术带来的缺点、优点和限制等。

问题的开放性促进了对话，鼓励了受访者自由谈论在该项目中的体验和经验，具体问题与分析结果如表 4-2 所示。

访谈结果表明，该项目中与当地文化背景结合的三维视觉体验让受访者印象深刻，这不仅让体验变得难忘，也对感知该历史街区的文化和历史层面产生积极影响。一位内部利益相关者表示：“IP 形象都是基于黄岩当地的历史和传说提炼的，可以更好地传达故事。”RAR 技术可以结合物理空间，提供多个角度和视角的展示，使用户能够更全面地了解历史事件和文化背景，不仅拓宽了“可读“的宽度，还拓展了深度。

访谈的结果也证实了当 AR 与参与者的个人知识水平相结合时，用户会更容易接受在新技术下参与体验，用户可以更容易理解复杂的历史信息和文化内涵。正如受访者之一的项目负责人所强调的，该项目得到了认可，有着很可观的发展潜力，这代表了一种具有文化和历史价值的最佳解决方案，并且有着充足的适应度，有机会在其他城市的背景下得到复制。

然而，一些负面的因素也被提出。官河古道区域面积较小，而较多的视觉

表 4-2 访谈问题

受访人群	问题
内部利益相关者（项目负责人、设计者、实施者等）	您在“仙元宇宙”项目中的角色和职责？
	在项目实施过程中，RAR 方法是否使当地历史文化变得更加可读？
	您是否认为这种设计能够更好地传达该地区历史信息和背景？
	你认为该项目帮助该地创造了新的城市形象吗？
	RAR 技术在项目实施过程中起到的积极作用是什么？
	您是否遇到了一些技术方面的问题或限制？
	在您的观察中，RAR 技术带来的缺点或限制对项目实施有何影响？是否有任何改进的建议？
外部利益相关者（游客、当地居民等）	您参与“仙元宇宙”体验的角色？
	在您的体验中，您觉得 RAR 方法是否使当地历史文化变得更加可读？
	您是否认为这种设计能够帮助您更好地理解该地区历史信息和背景？
	在“仙元宇宙”体验中，视觉元素的设计对您的体验有何影响？
	RAR 技术在“仙元宇宙”中的应用是否使您更加投入和沉浸其中？
	您是否遇到了一些技术方面的问题或限制？
	如果可以，您会改进该体验的哪个方面？

元素堆积，以及只有在夜间才能达到的最佳体验效果都使得用户有时无法看清最重要的历史遗迹部分，从而影响了对整个区域的可读性综合提升的效果。此外，拥挤的人群也会对此造成影响。同时，在体验时用户需要长时间将设备横屏使用，但是应用的界面却是基于竖屏使用所创建的，这给用户带来了使用上的混乱。

AR 是一种技术创新，被认为可以提高用户与感知城市历史可读性的深度与广度，关于新技术的大多数积极评价都来自于年轻游客，“这是我使用过的最好的文旅应用”。但是从一开始，便有外部受访者强调了技术所带来的问题，如“与其在数字空间做文章，不如提高这些区域的可达性和整洁度，从物理层面改善旅游设施，这可能更有用，因为技术体验太容易被取代了”“我的设备不支持应用的运行”，同时，项目在测试时出现模型穿模、错误的问题也频频发生，这也是目前的技术还不够成熟和稳定导致的。而一位内部利益相关者表示，从塑造城市形象的战略层面来说，城市是需要智能项目的，因为它们提供了一种多样化的手段，是提升城市精神影响力的工具。

4.4.3 讨论与发现

研究结果显示，基于 RAR 方法提升城市历史可读性的解决方案还处于深入探索的阶段，要想使其达到可以复制的标准，还需要克服一系列技术和影响用户体验的因素。

综上所述，对于用户来说，RAR 技术与应用可以通过提供不同的机会和角度来感知城市历史，发现文化遗产，从而促进新的认知的产生，以及推动城市文化得到最全面的“被阅读”。从宏观层面上说，RAR 等新技术的整合可以被认为是历史街区及文化遗产场所保持竞争力的关键，因此，城市可以利用 RAR 等新技术手段来提升城市可读性，塑造城市形象。然而，在之前的分析中，笔者也强调过此类新的技术驱动的解决方案在可持续性和兼容性上仍有欠缺，这使得部分用户对该技术抱有一些抵触情绪。从理论角度来看，RAR 技术虽然应用广泛，但是其在城市可读性的方面并没有得到广泛研究，城市可读性的维度也需要在数字技术的影响下被深入考虑。

本研究可以作为进一步研究的起点，为基于 RAR 等新技术的系统在赋能城市历史文化感知方面提供一些实用的指导。

4.5 未来城市文化可读性：虚实融合技术的应用与展望

本章研究旨在探究 RAR 技术提升城市历史文化的可读性的设计指南与方法，并进行在此过程中的应用实践。

通过对现有城市场景改造案例的分析和技术的考察，笔者得出了“RAR 技术作为提升城市可读性的重要工具”的结论。RAR 技术将人类集体愿景和增强现实相结合，创造了一种全新的城市场景感知方式，使居民和游客能够更直观、生动、丰富地了解和感知城市场景。然而，在当前的研究和实践中，关于提升城市历史文化可读性的设计方法，尤其是虚实融合的设计方法还相对缺乏。因此，笔者进行了文献调研和实践项目研究，总结出了 11 条 RAR 提升城市历史文化可读性的设计指南。笔者通过以浙江省台州市黄岩区官河古道为研究区域的 RAR 设计项目实践，以及获得的正面反馈，证明经过设计指南的指导，RAR 技术确实能够提升城市历史文化的可读性，并提供良好且沉浸式的用户体验。这些研究结果对于城市规划者、设计师和决策者具有重要意义，有助于塑造具有丰富历史文化内涵、虚实融合的城市场景，提升市民的城市体验感和文化参与度。

除关注仅一个历史街区限制了研究结果的普遍性之外，调研样本也不足以覆盖整个 AR 用户群体。同时，历史街区的类型、面积大小、用户群体类型也会对项目效果带来不一样的影响，这可能会引出不一样的结论。该领域的未来研究需要进一步进行样本量更充足、设计更完善的测试，并使用多功能的数据收集工具研究用户体验。对城市可读性的定义还需要从更多角度去理解，设计需要更加深入地结合城市情况与视觉系统，同时增强环境感知和情感认同。此外，也有必要进一步研究各种不同城市历史文化背景、不同用户群体的情况，制订更加通用和有效的指南。

参考文献

[1] 任小倩 . 城市重要节点景观可读性提升研究 [D]. 天津：天津美术学院，2017.

[2] 陶希东 . 中国城市旧区改造模式转型策略研究——从“经济型旧区改造”走向“社会型城市更新”[J]. 城市发展研究，2015，22（04）：111-116+124.

[3] ZUMA T，BAILLOT Y，BEHRINGER R, et al. Recent advances in Augmented Reality[J]. IEEE Computer Graphics and Applications，2001，21：34–47.

[4] LYNCH K. The image of the city[M]. Cambridge，MA：The MIT Press, 1964.

[5] BENTLEY IAN. Responsive environments：a manual for designers[M]. Oxford：Architectural Press，1985.

[6] BERRY J. Urbanization[M]. New York：Springer，2008.

[7] GINETTE WESSEL，ALIREZA KARDUNI，ERIC SAUDA. The image of the digital city：revisiting Lynch’s principles of urban legibility[J]. Journal of the American Planning Association，2018，84（3-4）：280-283.

[8] NIGEL TAYLOR. Legibility and aesthetics in urban design[J]. Journal of Urban Design，2009，14（2）：189-202.

[9] SARAH ABDULLAH AL-GHAMDI，FAHAD AL-HARIGI. Rethinking image of the city in the information Age[J]. PROCEDIA COMPUTER SCIENCE，2015, 65: 734-743.

[10] ANDREW KELLY，MELANIE KELLY. Building legible cities 2：making the case[M]. Bristol：Bristol Cultural Development Partnership，2003.

[11] BEHNOUSH A. Urban legibility，analyzing urban elements[J]. European Online. Journal of Natural and Social Sciences. 2017，6（1）：147-62.

[12] ARNALDI BRUNO，PASCAL GUITTON，GUILLAUME MOREAU. Virtual Reality and Augmented Reality：myths and realities[M]. New Jersey，US：John Wiley & Sons，2018.

[13] SELES EMRE. Changing paradigm of urban legibility：the case of Atakule Shopping Mall[J]. Bodrum Journal of Art and Design，2022，1（2）：241-56.

[14] ROTH C，KOENITZ H. Proceedings of the 1st International Workshop on Multimedia Alternate Realities[C/OL]. New York：Association for Computing Machinery，2016. https://dl.acm.org/doi/10.1145/2983298.2983302.

[15] PAVLIK J V，BRIDGES F. The emergence of Augmented Reality（AR）as a storytelling medium in journalism[J]. Journalism & Communication Monographs，2013，15（1）：4-59.

[16] TERESA，GRAZIANO，PRIVITERA DONATELLA. Cultural heritage，tourist attractiveness and Augmented Reality：insights from Italy[J]. Journal of Heritage Tourism，2020，15（6）：666-679.

[17] WU Y，YOU S，GUO Z，et al. Proceedings of the 2023 CHI Conference on Human Factors in Computing Systems [C/OL]. New York：Association for Computing Machinery，2023. https://dl.acm.org/doi/10.1145/3544548.3581041.

[18] ASKARIZARD R，HE J，KHOTBEHSARA E M. The legibility efficacy of historical neighborhoods in creating a cognitive map for citizens[J]. Sustainability，2022，14（15）：1-20.

实践篇

PRACTICE

第 5 章

RAR 真灵技术唤醒城市影响力——福州“福元宇宙”

5.1 项目简介

5.1.1 项目背景

数字经济作为驱动高质量发展的新引擎，代表全球未来发展的新方向。随着新一轮科技革命和产业变革加速推进，数字经济已成为当前发展最快、创新最活跃、辐射最广泛的经济活动。“数字中国建设峰会”是由中国信息化发展政策发布平台、电子政务和数字经济发展成果展示平台、数字中国建设理论经验和实践交流平台协同支持的。第五届数字中国建设峰会由国家互联网信息办公室，国家发展和改革委员会、工业和信息化部、国资委、福建省人民政府共同主办，于 2022 年 7 月 23 日盛大开幕。第五届数字中国建设峰会以“创新驱动新变革 数字引领新格局”为主题，主要内容包括：开幕式、主论坛、政策发布、分论坛、成果展览会、数字产品博览会、创新大赛、云生态大会 8 个部分，以及“闽江夜话”“有福之州 • 对话未来”等活动。

5.1.2 项目立意

2022 年 7 月 22 日，以“福元宇宙”为主题的数字交互之夜点亮了第五届数字中国建设峰会。“福元宇宙”是由笔者团队和福州市勘测院有限公司联手，以吴志强院士所提出的“福元宇宙是基于人人都可构筑的愿景”为核心思想，选择福州闽江两岸以及会展岛的三处特色典型区域展开的一次“R+AR”现场数字灯光与虚拟艺术相结合的数字交互秀。“福元宇宙”是为福建特别打造的，汇聚世世代代福建人民对未来美好生活的期待，为这块土地上的梦想定制，通过数字手段将其呈现为“福元宇宙”。交互秀中融入了中国文化、科技及“龙、鱼”和展会吉祥物等形象，以构建数字世界中的人类新家园为核心，秉承“大气、精彩、可持续”的创作原则，展现数字中国的科技魅力；同时也通过这样的方式呈现出，中国的技术发展离不开人民群众的支持，而其技术发展的应用也是为了人民群众的美好生活愿景。

5.2 设计挑战

由于虚实结合媒介的三维性和新颖性，XR 设计实践对创作者提出了一系列独特的挑战。有过往研究向参与者询问了他们认为与二维应用程序创建相比最重要的障碍，并确定了三个主要领域，这些挑战在 RAR 虚拟环节的创造过程中是同样存在的。

挑战一：团队内部对媒体的误解，有可能高估硬件和软件的性能，不知道硬件的具体限制，高估周围环境因素的感官输入的稳定性，二维设计的投影与环境不兼容。

挑战二：缺乏工具支持和适当的方法，缺少设计或测试的空间环境；对 AR/VR 特定的系统行为进行原型设计以获得一个无需编码的工作原型时，缺乏对创作者工作流程的全面整合（例如缺少设计规范），导致具有非重叠技能的创作者无法有效利用这样的工具；将原型作为最终产品，导致代码质量和可重用性下降。

挑战三：缺乏共同的语言，缺少对系统行为和设计的思考。

5.2.1 技术与体量挑战：大场景下的计算难度

闽江是福建省最大的河流之一，也是福州市的母亲河。随着福州市区城市化的飞速发展，闽江两岸除了融合当地悠久历史和文化底蕴的传统建筑之外，各金融商务区也落地于此，高层建筑林立，呈现出现代化的城市风貌。两岸的建筑数以千计，风格多元，高低错落，且江面宽阔，场景之大、跨度之长、需处理细节之多，都是在当下极大的技术难题。

要实现 RAR 体验，首先需要精确识别和定位用户所处的空间位置，以便正确地叠加虚拟内容，而在如此复杂的场景中确保空间感知和定位的准确性是技术挑战之一。其次，还需要获取大量的建筑和场景数据，以构建实现 RAR 体验的地图。这涉及大量建筑物的三维建模、图像识别和处理等技术，需要大量的数据采集和处理工作，这是技术挑战之二。最后，由于高低错落的建筑之间会相互遮挡，在不同光照条件下，虚拟内容的亮度、色彩和阴影也会出现差别，使得真实感减弱，处理环境光照与遮挡问题及大规模建筑物的实时渲染和性能优化即为技术挑战之三。

5.2.2 内容与创作挑战：特色场景下的内容创新

福州有自己独特的山水格局，而闽江则养育了福州人特别的情怀，闽江承载着福州丰富的历史文化，见证了福州的发展和变迁，同时，它秀丽的水岸风光也为市民提供了一个最直接的与自然亲近的场所。在这样一个与当地市民情感紧密相连的场景里进行 RAR 演绎，需要对当地特色文化有深刻的了解与感悟，并且做到技术上和内容上的创新，科技概念与技术之实现间的平衡，不落俗套地呈现出当地文化的魅力。如何选取最具代表性的意象，书写出环环相扣且动人心弦的故事，并依托技术使得市民的沉浸感进一步加强，产生虚拟与现实之间的交互，是创造该体验需要面临的挑战。

5.2.3 实景与媒介挑战：复杂场景下的设备协调

白日的闽江宁静秀丽，夜晚的闽江光影变幻，在闽江两岸的复杂环境中，不同时段下的环境包括阳光、反射光、阴影等因素，皆会对 RAR 体验产生影响。优化 RAR 内容的显示和光影效果，使得不同时段可以获得同样的沉浸感，是实景挑战之一。挑战之二为，用户在闽江两岸移动时，场景角度也会随之发生变化，如何在跨度如此大的场景中实现平滑的场景角度切换，确保虚拟内容与实际景观的重合，也是一个颇具挑战性的问题。在 RAR 体验中，真实场景的精确布置也是确保其可与虚拟艺术相辅相成的重要手段。在闽江两岸的广阔场景中布置实景和灯光，并与虚拟内容相协调，需要统筹考虑实体灯光装置的位置、照明效果以及与 RAR 内容的互动等因素，此为实景中的挑战之三。

5.3 设计方案

5.3.1 技术方案：创新融合演绎，立足四大核心技术

福元宇宙项目选址位于福州闽江两岸以及会展岛的特色三处典型区域（图 5-1），该区域跨越 5659 米，涉及 328 栋建筑。笔者先后多次实地勘测现场，并且通过航拍进行定位记录。

为了攻克技术上的多重挑战，华为及福州市勘测院携手参与了该项目。其中，华为河图的四大核心技术为解决技术难题带来了突破。

1. 厘米级空间计算

全天候全场景的厘米级空间计算，可实现厘米级定位与一度以内定姿（6DOF），并支持高精度的 AR 导航、POI（Point of Interest）全息标牌和数字大屏等功能。这种高精度的计算能力可以用于实现精确的位置识别和虚拟内容叠加，即使在复杂和庞大的场景中也能提供更准确的 RAR 体验。

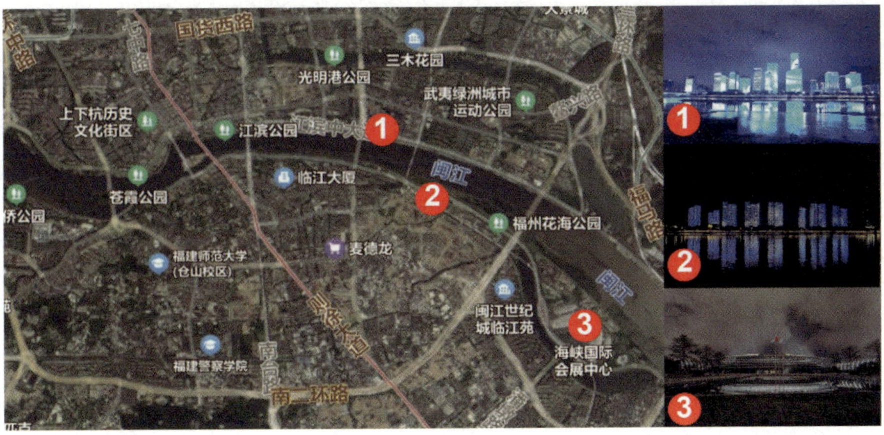

图 5-1　项目选址地点
来源：笔者自绘

2. 强 AI 场景理解

借助强大的人工智能技术，深入理解不同场景中的物体、结构和环境特征，它可以以毫米级的 3D 模式识别周围的环境与世界，支持 3D 地标物识别以及旅游导航讲解等。这意味着，通过对现实世界的感知和理解，它可以更准确地识别、跟踪和分析场景中的静止和移动元素，为体验者提供更智能的交互和内容展示。

3. 高真实感渲染

通过先进算法优化光照、阴影、反射等效果，无论是白天还是黑夜，它都能够提供更真实、更生动的视觉感受，让数字内容与真实世界的高真实感融合，实现逼真的虚实遮挡，增强用户对虚拟内容的沉浸感和真实感。

4. 大规模 3D 地图构建

多源地图采集与处理的大规模 3D 地图构建，可以使地图自动化生成流水线构建，支持卫星建图，具备大面积快速覆盖能力，支持全景和激光建图，支持高精度定位和地图众包。这些地图数据可以用于精确定位和内容叠加，使得 AR 体验在现实环境中更加准确和逼真。

除此之外，福州市勘测院负责了对 328 栋建筑群进行"人脸识别"的测算工作。要实现在白天高温环境、夜晚漆黑环境及两岸灯光闪烁等复杂环境下的稳定性，该团队做了大量的测试工作。先进的算法技术与细致入微的测试环节，共同打破了技术上的难点，助力福元宇宙实现了出色的现实和虚拟的融合体验。

5.3.2 文化传承：传承闽江文明，续写数字传奇

数字交互秀以时间为线阐述福州由古至今再到未来的数字新纪元。金鱼、榕树等具有代表性的福州元素和中国传统味道，让观众在全新的数字形式中看到中国传统文化的内涵和福州古韵。

第一幕中激流而过的闽江是福州的母亲河，见证着福州的千年巨变。福州伴海而生，因海而兴，拓海而荣，自古便是古代海上丝绸之路的重要起点和发祥地，也是近代中国最早开埠之处，千年侨乡传承"海丝"文化基因。"千年

图 5-2　第一幕：“千年穿越，鱼跃龙门”
来源：笔者自绘

穿越，鱼跃龙门”，福州，朝着未来前行，乘风破浪，扬帆起航，展开新的奋斗身姿，书写新的传奇篇章。江面浮现福州大地，古榕荫荫，因城区街巷及水岸等处自古就遍植榕树，福州别称“榕城”。荫覆宽广，正如福州有容乃大，无数的“创新种子”在这里加速长成“产业大树”，“福”果累累。新一轮数字发展热潮在这座千年古城中从“星星之火”发展至“燎原之势”，涌动出无限的生命力（图 5-2）。

第二幕呈现福州的人间烟火。七巷三坊记旧游，晚凉声唱卖花柔。紫菱丹荔黄皮果，一路香风引酒楼。“两岸辉映，五福相聚”，今日的福州幻化为数字之城，一个个数字魔方汇聚，预示着数字将重塑福州城市的格局，带动它的经济发展，优化社会治理，数字已经融入生活的点点滴滴。人民享受智慧生活，感知城市脉搏，体味数字时代（图 5-3）。

第三幕把观者从真实城市引入虚拟的元宇宙中，福州在数字的丝绸之路上，以幸福为名，让江海作证，穿越宇宙，奔向未来，从数字福州迈向数字中国，最终飞往数字宇宙，创造无限未来可能，开启数字化建设新纪元（图 5-4）。

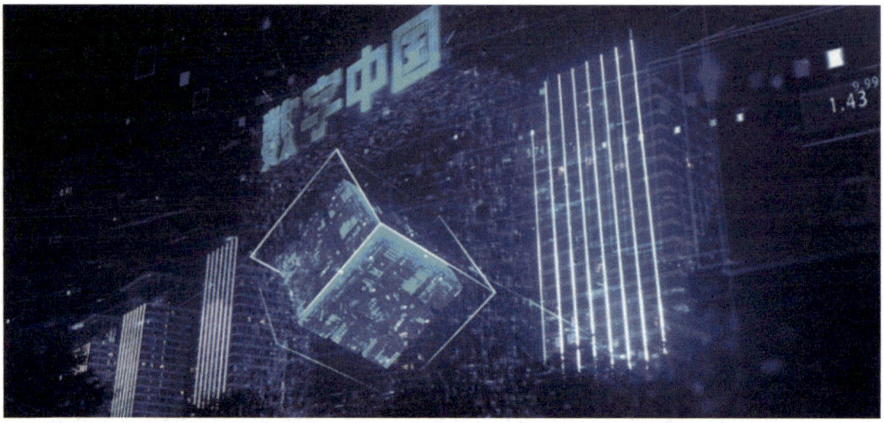

图 5-3　第二幕："两岸辉映、五福相聚"
来源：笔者自绘

图 5-4　第三幕："联结天下，改变未来"
来源：笔者自绘

5.3.3 体验方案：实景处处可观，打造利民视觉盛宴

"福元宇宙"的沉浸式演绎互动是利用实景建筑灯光（R）对传统单体建筑的AR演绎升级，即形成RAR的创新演绎模式。为达到最佳的实景观看效果，吴志强院士团队中的同济大学设计创意学院数字媒体团队，以及有上海外滩灯光演绎设计经历的中国国家灯光研究所，为庞大场景中的主题建筑灯光场景建模、光环境设计付出了巨大努力，同时，也是在清华同方光电环境团队的协助下，多方共同打造了与数字内容交相辉映的实景灯光体验。

为了使市民可以体验沿江各处场景，团队还进行了全程的布点扫描，对整个闽江两岸进行了全景扫描，其覆盖面之广，可让站在闽江两岸观赏区域的观众都能观看到现场实况。此外，“福元宇宙”支持使用多种品牌的手机，包括各类 5G 设备。在四大核心技术的帮助下，观者可在全时段、全场景、全设备的覆盖下平等地享受 RAR 技术带来的视觉盛宴。

5.4 设计创新点

“福元宇宙”是中国首次在城市维度下 RAR 的实践创新，是中国城市在数字化道路上的重要举措，结合最前沿的数字技术，创造沉浸式的真实结合虚拟的体验，实现了三个创新点。

5.4.1 技术创新：首创虚实结合，创造三个“全球之最”

采用了全程的布点扫描的方式，技术团队通过最大的扫描力度使闽江两岸的建筑都融于 RAR 的虚实体验之中，使身处其中的人们完全沉浸于福元宇宙中。范围之大，创造了三个“全球之最”：涉及建筑最多，共 328 栋建筑；跨越长度最长，跨度 5659 米；全球首个难度最大的跨江 RAR 演绎。

5.4.2 内容创新：点题福建特色，技术与文化相辅相成

“福元宇宙”数字虚实体验的所有内容都是与福州的历史文化相关的，是数字技术创造性传承中国文化的一次示范性的创新案例，其中蕴含了各种意向，包括闽江、龙门、榕树、“福”字、街巷、生活、未来与幸福，都是与福州人民息息相关的身边人、身边事，整个 RAR 故事脉络与福州人民血脉相连。非物质化的数字影像结合真实与虚拟，讲出了福州人民的人间烟火，畅想了智慧城市的美好愿景，“源自历史与文化，遥想未来与幸福”。

项目运用了高精度的 3D 渲染技术，观众在闽江的两岸与在江面上都可以看到非常清晰的真实与虚拟完美结合的视觉体验，AR 技术与数字投影使得整体环境如梦似幻。另外，每一幕都有自己的故事，整体视觉与故事内容相连接：

第一幕使用体现历史文化的配色与视觉意象，第二幕有更多现在生活的影子，而第三幕更具未来感、科技感的视觉风格，所有的动画具备高帧率的动态，其中的物体具备流畅自然的身体动作。

5.4.3 形式创新：展现强大包容性，实现“三全”

本项目还考虑了不同设备的兼容性。全设备的观看形式兼容各类5G设备，使无论是否了解过、体验过AR的观众都可以轻松地下载安装软件，观看演出。其次，技术的包容性还要考虑到不同的应用场景。由于其全场景的观看覆盖范围之广，“福元宇宙RAR秀”将闽江两岸的各个场景都纳入演出范围之中，这种全场景的包容性确保了观众无论身处何地，都能够感受到福元宇宙的魅力。因此，该项目实现了“三全”：全时段（白天、黑夜，时时皆可观看）、全场景（沿江各处场景皆可观看）、全设备（5G设备皆可观看）。

同时，软件的用户友好型界面、具象的虚拟内容设计，都考虑了不同年龄段的用户。这种包容性不仅丰富了观众的选择，也是以数字的手段惠民、便民、利民，可以让大众平等地走近艺术、感受艺术以及聆听艺术给生活带来的美好。

5.5 设计价值与影响

5.5.1 经济效益

“福元宇宙RAR秀”的成功举办以及数字交互开幕之夜的精彩呈现，彰显了其在福州乃至整个设计界所产生的巨大影响力。这是RAR技术的首次大规模应用，展现了技术和艺术的融合创新。RAR技术致力于虚拟世界和真实世界相互学习、螺旋上升，从而达到“共生世界”的目标，也体现了具有中国特色的元宇宙概念。RAR技术着眼于实现赋能真实创新和赋能真实服务，让设计师可以在元宇宙世界中实现规划创新，这给元宇宙和设计、规划之间的关系探讨带来了视角独特的新思路。

同时，这也带动了中国元宇宙产业的革新。从线上到线下的虚实融合，“福元宇宙”对第六届数字中国建设峰会城市赛道 RAR 板块有引领作用，带动中国式元宇宙产业的发展。中国式元宇宙产业涉及未来数字孪生、区块链等核心技术的发展，包含综合性智能化的信息基础设施和超高性能的算力基础设施建设，通过推动数字经济和实体经济的融合发展，实现元宇宙与产业的深度融合，进而推进如智能硬件、通信设备等数字产业发展。

5.5.2 城市影响力

对城市本身来说，本次演绎不仅仅吸引了当地居民的目光，更吸引了来自各地的观众和游客以及专业人士。特色内容的传播和全球先进技术的展示也助力福州在国内树立起独特的城市品牌形象，成为数字交互和文化创意领域的焦点。该项目体现了功能、文化、商业三者融合，从可持续的角度，将数字内容与真实场景融合。城市级别的点云扫描扩充了元宇宙真实的运用场景，创造了硬核需求，在其后的项目中带动了城市经济的发展。数字经济作为推动经济复苏的新动能、新引擎，已经是全球共识和大势所趋。同时，作为福建乃至全国数字经济发展的排头兵，福州这些年积极推动产业数字化和数字产业化“双轮驱动”战略落地，福元宇宙在其中很好地起到了助力作用，夯实数字经济产业基础，加快政府和企业的数字化升级步伐，为全国各省市数字经济建设打造“福建样板”。

5.5.3 强大传播力

“福元宇宙 RAR 秀”一经发布，立刻在网络平台引起广泛关注。截至 2022 年 7 月 25 日 12 时，人民日报、新华社、央视等中央、省、市 110 余家媒体平台发布相关报道 12.5 万余篇，网民评论 3.8 万余条，微博、头条、抖音平台“福元宇宙 RAR 秀”“第五届数字中国峰会”等相关话题累计阅读量达 7 亿余次，峰会相关报道的全网累计阅读量和传播量超 13.1 亿。其中，人民日报及所属客户端刊发 12 篇报道，新华社刊发 40 余篇报道，所属客户端、抖音、微博、手机报等传播矩阵传播量超 3 亿，央视重点新闻栏目 3 天共 11 次亮相（《新闻联播》两条），市属媒体推出 100 余个专版报道，100 万以上的新媒体产品 5 条、10 万以上的产品 20 余条，创造了数字元宇宙的传播奇迹。

5.6 局限性与未来展望

本项目选取了较大的室外自然场景进行设计，并拥有极强的福建当地文化特色，使其对其他类型的小场景项目具有一定技术上与视觉上的参考价值，然而，需要指出的是，该项目的工作流程和模式的普适性并不高。

AR 技术已取得了巨大的发展，并且在未来展现出了广阔的前景，随着智能手机的普及和技术的不断进步，AR 将成为主流功能之一。AR 技术出现了网页化和轻量化的趋势，使得其未来有可能依托于小程序或者网页实现 RAR 体验的功能，进一步降低使用门槛，扩大用户群体。对当地文旅产业来说，还可以考虑通过 RAR 应用程序来获取有关景点、历史文化和导航等信息，使他们的旅行更具互动性。

总体而言，随着技术的进一步发展和应用场景的拓展，福元宇宙不仅仅能创造更加面向广大市民游客的体验，还能进一步塑造福州的“元”城市形象，推广数字旅游产业。

扫码了解福州“福元宇宙”

第 6 章

RAR 真灵技术点亮城市新经济——台州“仙元宇宙”

6.1 项目简介

6.1.1 项目背景

数字科技是我国国家发展战略的重要方向。为积极贯彻落实浙江省委“打造宋韵文化传世工程为代表的优秀传统文化传承发展取得新突破”部署，台州黄岩围绕“千年宋韵”主题，打造官河水街商贸文化圈，形成以文养旅、以旅养文的“十里官河、千年宋韵”文旅精品游线。在这一背景下，打造官河水街“仙元宇宙”商业街区的重要意义在于，将文化与空间以一种全新的方式融合。

6.1.2 项目立意

官河水街重点推进元宇宙项目开发，基于其“城元宇宙是基于人人都可构筑的愿景”的核心思想，将增强现实艺术与数字影像结合，打造具有台州特色的元宇宙与数字经济的官河古道“仙元宇宙”街区，让场景中的每个观者都有不一样的城元宇宙。

项目亮点为三个全球首创：首个打通数字内容与经济数据的城元宇宙，做到数字内容与经济数据内容分钟级的信息交换；首个为每个人订制的城元宇宙，基于个人数据及消费数据实现内容变化；首个从室外场景到室内场景无缝衔接的城元宇宙。

6.2 设计挑战

“仙元宇宙”首次于项目中同时引入灯光投影演绎与增强现实等多种技术，因而项目挑战集中于多团队跨学科协作管理。

（1）人员分工问题。由于项目体量大且涉及内容和技术面广，需要多位专家投入，为提高项目实施效率，需要明确不同人员角色以及分工。关于项目创作中的团队画像，本书第 9 章将会详细叙述。

（2）不同团队工作存在交叉或时序性现象。各团队的项目实施时间表并非独立，而是存在部分交叉关系，需要明确规划不同团队完成不同任务的时间节点，确保工作流程顺畅，避免某一团队影响其他团队进度。

（3）不同团队由于学科背景不同，沟通存在壁垒，因此及时且有效的沟通在项目中尤重要。

6.3 街区设计核心技术

街区改造设计主要运用四大核心技术：厘米级空间计算、强 AI 场景理解、高真实感渲染以及大规模 3D 地图构建。通过上述技术可以实现以下两点。

（1）现实灯光 + 增强现实影响的互动；

（2）沉浸式演绎互动：利用实景建筑灯光（R）对传统单体建筑的增强现实（AR）进行演绎升级。

除此之外，街区设置智慧中台系统，通过分析人流动向、交通情况以及环境监测来确保街区中的游客安全并降低拥堵风险。

6.4 设计方案

街区内容呈现分为两大部分：融入黄岩民间故事的数字演绎内容，以及融合历史古迹与现代元素的街景设计。通过两者结合，打造“元游官河”的沉浸式体验。

6.4.1 “仙元宇宙”数字演绎

在数字演绎内容层面，项目参考黄岩的民间传说、历史、风土人情等文化内容，结合潮流文化，形成五个黄岩特色IP：橘仙、石仙、塔仙、河仙和黄牛，并以主要IP的来龙去脉、冒险经历作为背景和主要线索，串联黄岩古今文化与未来展望，形成故事脚本。故事脚本通过楼梯投影、水幕投影、水面投影、裸眼3D屏幕等媒介，实现遍布全街。脚本大致分为以下四幕。

第一幕，“缘——仙缘偶得翠树成，历经万险孕黄岩”。故事以“缘”写万物伊始，讲述“石仙”偶得仙橘核，栽下橘树，橘树发芽生长，滋养台州黄岩的蓬勃生机。

第二幕，“韵——书声朗朗传宋韵，青山绿水育人杰”。这一幕着力渲染黄岩的文化底蕴，从人杰地灵、孕育名士，到演绎道教第二洞天风采，到“一窑炉火诉千年，只此青绿最动人”的沙埠青瓷，投影画面将黄岩文化向观众娓娓道来。

第三幕，“贸——珍品连连繁华促，百舸争流启商途”。此幕颂扬黄岩的母亲河——蜿蜒不息的永宁江。以“河仙”这一IP作为触点，讲述河仙玄清守护黄岩沿河一带的经济发展，体现黄岩贸易古今繁盛。

第四幕，“智——交汇互联长记忆，奇思妙想造天宫”。该幕融合黄岩模具产业历史，以“河仙”“塔仙”视角讲述黄岩模具产业历史：从籍籍无名的作坊发展为模具之都。

6.4.2 街区增强现实设计

街区增强现实设计首创性地打通了室内外的数字场景，做到室内室外无缝衔接。设计通过将黄岩的民俗、历史文化与现代科技元素结合，对虚拟场景下的街区进行数字改造。

街区增强现实设计首创性地打通了数字内容与经济数据，使得数字内容与经济数据内容进行分钟级的信息交换。街区数字街景与线下消费紧密结合，用户可在增强现实中通过交互完成消费，并于线下取得所购商品。用户的线上与线下交易数据通过银行系统进行汇总，销量排名靠前的店铺在数字场景中也会有对应的变化。

街区增强现实设计首创性地基于个人数据及消费数据实现内容的变化。随着用户消费次数增加，对应的虚拟场景也会变化并随之丰富。此外，用户的个人信息（性别、年龄等）也会影响数字场景的内容呈现，实现了基于个人的数字化场景个性化定制。

6.5 设计价值与影响

6.5.1 功能效益

“仙元宇宙”首创性地将数字经济与交易系统融入虚拟世界中。通过与银行系统合作，打通银行数据的方式，“仙元宇宙”展示了虚拟世界引入数字经济并顺利运转的可能性。用户可以在虚拟世界消费，交易数据也可以实时反馈在虚拟世界系统中，影响虚拟世界内容生成。虚拟世界在功能层面不再作为辅助实体经济生产或消费的工具，而是生产资料以生产、流通到消费的主力军。

6.5.2 文化效益

RAR 空间项目模式具有通用性，然而这并不意味着丧失其地域性。如何将悠久厚重的地域性文化通过科技方式、以大众更能接受的形式进行传播，是 RAR 空间项目的永恒命题。“仙元宇宙”在这一方面作出首要尝试，通过与文化专班的讨论，将地域性民间故事、民风民俗、名人名士以“四仙”的故事进行串联，做到尊重文化与历史的同时说好故事，不仅能提升当地居民的文化自信，也具有教育意义。

扫码了解台州“仙元宇宙”

第 7 章

RAR 真灵技术赋能城市新地标——青岛“海元宇宙”

7.1 项目简介

7.1.1 项目背景

1. 做好经略海洋大文章，迈向“活力海洋之都”，打造引领型现代海洋城市

习近平总书记强调，建设海洋强国是实现中华民族伟大复兴的重大战略任务。党的二十大报告明确提出“发展海洋经济，保护海洋生态环境，加快建设海洋强国”。

为贯彻落实习近平总书记的重要指示，青岛市第十三次党代会聚焦“建设现代化国际大都市”，提出了“一二三四六十”的目标定位和思路举措，提出加快迈向“活力海洋之都、精彩宜人之城”两个城市愿景和打造现代产业先行城市、引领型现代海洋城市、国际化创新型城市、国际门户枢纽城市、“宜居、宜业、宜游”的高品质湾区城市、现代化治理样板城市六个城市定位。

2. 建设青年发展型城市，打造年轻人向往的“青春之城”

青年是城市发展的活力源泉，为更好地满足青年发展需要，促进青年与城市协同发展，2022 年，中共青岛市委办公厅、青岛市人民政府办公厅印发了《关于建设青年发展友好型城市的实施方案》，提出要打造“十个青年城”，即青年宜业城、青年创新城、青年宜居城、青年成长城、青年乐享城、青年健康城、青年品质城、青年生态城、青年平安城、青年建功城。

青岛市黄岛区（西海岸新区）第三届人民代表大会第二次会议提出，要增塑城市时尚魅力，推出虚拟现实场景，精心策划潮人聚集地和网红打卡地，打造年轻人向往的“青春之城”。

3. 提升唐岛湾区域空间品质，打造城市新地标

西海岸新区“十四五”规划提出，唐岛湾区域要聚焦金融服务、科技服务、商务服务、新经济等产业，大力推动城市更新，全面提升城市空间容量、功能品质、风貌标识，打造产业服务精准、人才资源集聚、环境配套完善的金融科创总部中心。

7.1.2 项目立意

青岛“海元宇宙”以“青风汇西岸”为核心思想，倾力打造“青岛风格之汇，青年风采之汇”，建设融合风格、绽放风采的青风汇广场。通过运用虚实相生的“R（真实海景）+AR（增强现实）”创新技术，将现实场景与信息技术构筑的虚拟景象同步融合、互动，通过使群众沉浸式地参与互动，将整体演绎融入大众层面。

作为西海岸新区的科技创新高地和现代经济产业先行的样本区，唐岛湾金融科创区是彰显新区精神形象和品质内涵的重要门户窗口。项目通过抢占元宇宙文旅赛道，以“海元宇宙”作为引爆点，将此地打造为新区的创新客厅，筑起城市的精神堡垒，点燃民众展望新区未来的热情，形成青年人群汇聚地。其“磁场效应”将会持续带动唐岛湾不断汇聚人才流、信息流、交易流、物流、资金流等数据流量体系，形成新区经济发展的强力引擎，助力西海岸新区打造开放、现代、活力、时尚的国际化新区（图 7-1）。

作为搭建数字虚拟世界与现实世界的桥梁，元宇宙创新技术既能培育壮大新兴产业，也能赋能传统产业转型升级，并推动形成新的产业机遇和经济增长点。西海岸新区拥有强大的产业基础，通过“海元宇宙”的创新化探索，以“数字技术创新”驱动“应用创新”和“产业创新”，将成为赋能新区传统产业转型升级的重要力量，为培育新区数字经济高质量发展奠定基础，为构建起新区元宇宙产业链开拓创新路径。同时，通过应用场景创新，元宇宙创新技术未来

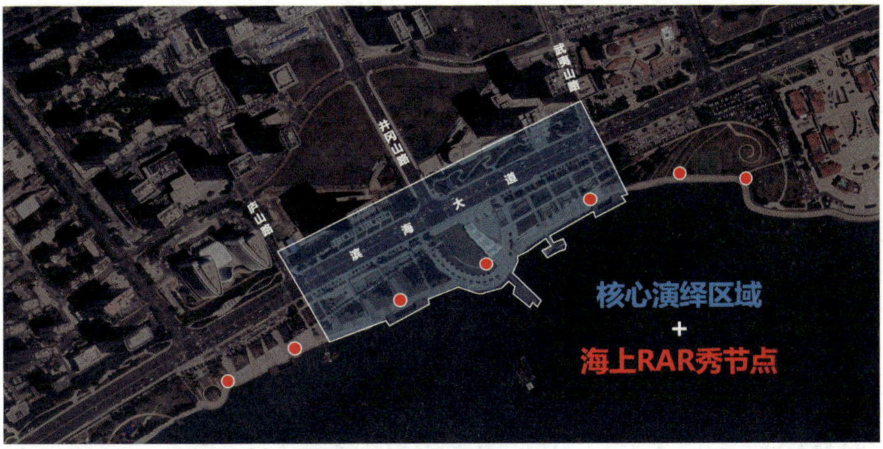

图 7-1　青岛“海元宇宙”项目演绎范围
来源：笔者自绘

将进一步推动元宇宙与政府治理、民生服务深度融合，推进新区数字经济高质量发展。

7.2 设计挑战

7.2.1 技术挑战：场地空旷，缺少可锚定的真实建筑环境参照

仙元宇宙项目依托水街两岸房屋实景建筑便可以有效且高频地进行虚拟内容与实体环境的对位匹配。本次青岛“海元宇宙”则需基于真实的海面场景进行位姿校准匹配。

但在实际场景中，由于海面上缺少实际非反光材质的真实物体坐标，难以以高频次进行位姿校准从而建立贴准真实场景的虚拟内容。

7.2.2 内容挑战：兼收并蓄，包容演绎宏观叙事与在地特色

本次“海元宇宙 RAR 秀”脚本的撰写需综合考虑融入在地历史文化——如胶西宋金海战、徐福东渡等，也需结合青岛西海岸新区“由海而生、向海而兴”的海洋文化，还要结合中国科技发展，融入当代年轻人喜爱的科幻影视文化。脚本素材内容庞杂，且需考虑年轻人至年长者的需求，以及外来游客和在地居民的观看需求。

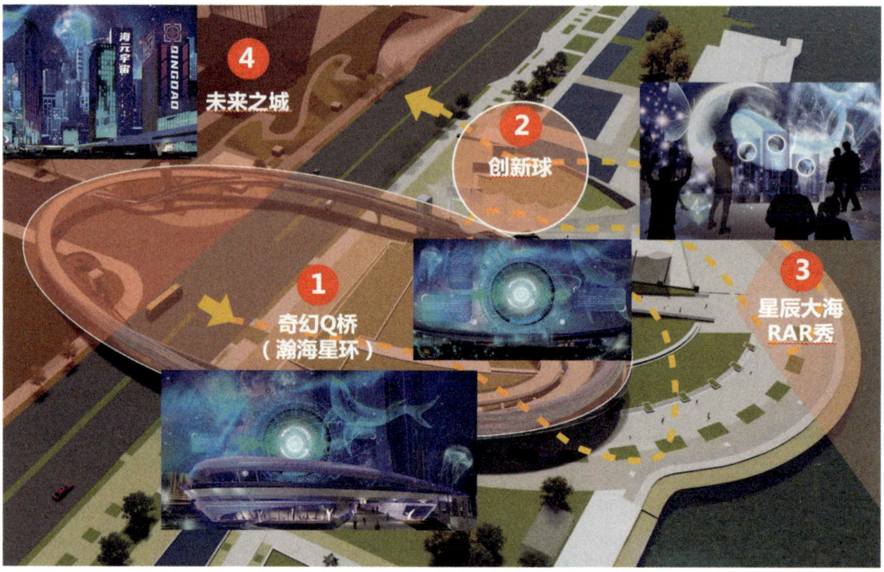

图 7-2 “海元宇宙”总体概念设计布局
来源：笔者自绘

7.3 设计方案

针对西海岸新区元宇宙数字城市建设行动，设计团队对唐岛湾公园运河广场及周边范围进行整体数字化建设，提出概念性策划方案。其中，方案包含项目整体范围数字内容概念节点设计：“奇幻 Q 桥”“创新球”“星辰大海 RAR 秀”“未来之城”，并结合现场场地情况进行总体建设策划，创造全球首个面向海洋的 RAR 虚实共生的场景演绎（图 7-2）。

“奇幻 Q 桥”具有多种形态变化：“汇流青聚”“瀚海星环”“钻石皇冠”。用户可以通过手机 App 点击投票，实现多轮 Q 桥地标方案效果的变化和共创互动，线上方案会根据用户标签展示多样的海洋氛围特效。

“创新球”通过大数据算法个性化推送用户感兴趣的课程、展览、大赛，链接世界规划教育组织（WUPEN）多彩展览内容。用户通过在该板块的学习互动积累创新能量，可以解锁“创新球”多种形态变化：“原子”“光塔”“通天”。

“星辰大海 RAR 秀”为增强现实叠加真实海景的十分钟交互演绎动画。故事内容以“俯瞰海洋、仰望星空”为主题，以青岛西海岸新区唐岛湾为背景，由海到天，通过“天时—孕育”“地利—瑰宝”“人和—星海”三个章节，多维度立体展现星辰大海美好蓝图。

图 7-3　用户通过手机 App 体验海元宇宙“未来之城”
来源：笔者自绘

“未来之城”以 AR 虚拟楼体特效形式，展现未来城市建设效果，用虚拟沙盘取代实体沙盘（图 7-3）。具体设计内容含虚拟楼体造型设计、数字招牌设计、城市森林整体立面设计、数字招牌增强效果与交互动效设计、装饰空间区域预制模块设计（如花草、海洋生物、赛博朋克等视觉元素）、留言墙艺术字体订制。

7.4 设计创新点

7.4.1 首个“AR+ 无人机”海上大秀——星辰大海 RAR 秀

技术方面，该项目首次实现海上无人机与 AR 秀结合的互动演绎。

内容方面，立足做好经略海洋大文章、构筑青年向往友好城、建设活力共享新地标等新时代目标，“星辰大海 RAR 秀”以“俯瞰海洋、仰望星空”为出发点，充分挖掘并融入海洋文化和影视科技等新区自身特色，通过知识赋能，创新多维度“RAR 秀”，立体展现星辰大海的美好蓝图（图 7-4）。

图 7-4　将青岛当地历史故事、海洋文化、科技元素融入星辰大海 RAR 秀
来源：笔者自绘

7.4.2 首个元宇宙广告位——未来之城

未来之城项目在西海岸新区滨海大道的真实楼宇建筑群基础上，叠加虚拟的元素和数字标识，展现未来城市场景。“未来之城”作为一个虚拟蓝图共创平台，可以让每个人在其中融入未来生活场景的创意构想，实现“人民城市人民建，人民城市为人民”。而数字内容可以呈现商户、品牌方最新活动动态，助力新区民众紧跟最新时尚潮流，体验最新的虚实结合科技（图 7-5）。具体包含以下四项设计亮点。

（1）丰富展示内容：可进行企业 logo 展示、企业口号展示、最新产品展示。

（2）多种呈现形式：可呈现超大尺寸静态图形、动态符号、3D 效果，实

图 7-5　未来之城：元宇宙超大宣传媒介
来源：笔者自绘

现动态演绎、双向交互。

（3）直达下单链接：点击可直接跳转商户购物平台，快速导流。

（4）打破物理空间限制：呈现效果可悬浮、可变幻、可持续。

7.4.3 首个可变换大型虚拟城市地标——奇幻 Q 桥

“奇幻 Q 桥”作为地标性建筑落地唐岛湾金融科创区，在此板块中推出三种桥体方案进行线上人气 PK，优胜方案将作为最终桥体形态落地。用户可以通过海元宇宙 App 进入 AR 模块，在项目地实时体验虚拟地标叠加在真实广场上的效果，并且还能切换“汇流青聚”“瀚海星环”“钻石皇冠”三种形态的设计方案。在体验的过程中，用户可以参与投票，并选择一种自己喜欢的 Q 桥形态，为实体地标的建设助力。

7.4.4 首个便携式知识成长系统——创新球

在海元宇宙时间越长，创新球就会有不一样的变化。浏览课程次数越多，获取知识越多，能量值就越高，有助于用户解锁新的创新球形态。

即使不在项目地现场，用户在 App 上前往“我的”也能随时随地看到自己的能量值，系统通过 AR 识别任一平面（桌面、地面等），便可投射出虚拟的创新球。

7.5 设计价值与影响

7.5.1 经济效益

1. 公共空间资源资产化，搭建可持续虚实商业运营平台

公共资源的资产化有利于发挥公共资产的最大效益，保障可持续运营。“海元宇宙”建成开放后可通过投放沉浸式 AR 广告、搭建 AR 虚拟商城平台、创作海元宇宙 IP 文创产品等手段获得直接的经济效益。

2. 沉浸式 AR 广告

为使品牌充分渗透到新一代消费者的生活中，大量品牌公司正在积极传播创意化品牌，沉浸式 AR 广告凭借其互动体验和线上与线下的联动，不仅可以提升社交媒体的用户体验，也能增进用户对品牌的了解，因此备受广告商的青睐。“海元宇宙”通过 RAR 创新技术为广告投放加上“特效”，打造 AR 创意户外广告，提升用户的体验感；通过提供方案订制，融入企业品牌 / 形象 / 产品，进行个性化的展示，满足企业 / 商家多方位、多层次的广告展示需求。

3. 搭建 AR 虚拟商城平台

由于深受科技力量驱动，年轻一代消费行为和购买方式正在不断发生变化。用 AR 科技赋能潮流网购体验，预留 AR 主导的虚拟购物平台开发接口，满足品牌虚拟 AR 店铺的入驻合作需求，经平台后续版本迭代，用户可以在现场访问浏览各品牌的虚拟商店。“海元宇宙”中设置了稀有款隐藏商品，通过“R+AR”打造沉浸式购物体验，吸引消费者到线下打卡互动。而虚拟商店中展示的产品可以链接到电商平台，一键下单，为用户提供完整的全渠道购物体验。

4. “海元宇宙”IP 文创产品

中国年轻一代对 IP 文创产品的兴趣和热情带来了巨大的市场需求，“海元宇宙”以海洋文化和影视文化为核心 IP，立体地展示了星辰大海的美好蓝图。后期根据需求可以对 IP 原画和模型进行二次创作和演绎，加速衍生品本土化，衍生出多款独具特色的文创产品，为全年龄段游客提供全方位文旅体验。

5. 搭建新区文化旅游资源整合平台，为“全域文旅”战略助力

景点数据和资源的整合，可助力建立文化旅游资源整合平台，将新区丰富的“山海岛滩”等旅游资源内容进行呈现和宣传推广，构建系统化文化旅游资源体系，让游客系统性地了解西海岸新区本地观光景点、休闲娱乐、文化、美食、住宿等人文风情，更好地体验新区文化旅游，为西海岸新区创新实施“全域文旅”战略助力。

6. 拉动周边商圈消费和楼市信心，推动片区高质量发展

现象级海洋城元宇宙凭借自身影响力聚合人气，形成城市人流活力的强磁场。强大的流量背后是巨大的消费潜力，从而带动周边商圈的消费，有效提升周边区域的经济消费水平，激活周边楼市，进而带动唐岛湾片区的整体发展。

7.5.2 社会效益

1. “RAR”虚实创新重塑滨海公共空间，引领数字生活新体验

随着人类生活品质不断提高，人们对城市公共空间提出了更高的要求。年轻一代对科技的热忱已经体现在方方面面。其中，人性化的功能设计、极具创意的公共空间、场景化的互动体验是赢得年轻人青睐的关键。

唐岛湾公园是新区公共空间的微缩体现，在这场变革中，成为率先被试验、被改造、被智能化的节点。其中，元宇宙赋能青风汇广场，全面拥抱数字化，紧扣时代脉搏，运用线上线下相结合的RAR技术，打造具有开创性意义的可知、可感、可触的“海元宇宙”，营造“沉浸 + 娱乐 + 科教”的沉浸式体验场景和游玩互动新空间，让娱乐回归线下，保持公共空间活力，重构新区的文旅新格局（图 7-6）。

2. “RAR”虚实创新赋能硬核应用场景，增强新区数字原动力

以城市数字化转型整体驱动城市生产、生活方式变革，提升城市软实力，已成为城市综合竞争力的重要组成部分。城市通过“海元宇宙”创新模式探索，以多技术的兼容、交互与融合，在更广领域、更大幅度实现沉浸式跨场景应用衍生，获得一批可落地、可持续、可复制、可推广的创新经验。应加快数字化

图 7-6　市民现场体验海元宇宙
来源：笔者团队拍摄

创新应用，推动新区加快数字城市建设，以更快步伐提升城市成长力，提高城市全域感知能力，以数字经济彰显现代城市新气质，树立现代城市新形象，为新区建成海洋强区、制造业强区、数字强区、人才强区提供有力支撑，为新区打造现代、开放、活力、时尚的中国式现代化新区注入澎湃数字动力。

3．“RAR”虚实创新集成跨领域协同模式，催化城市功能重塑

元宇宙不仅局限于一系列新兴技术的集合，更是诸多社会领域和实体经济赛道与前沿科技的融合共生，也是我国新时期经济高质量发展的内在要求。“海元宇宙”建设将推动元宇宙技术在新区发展的多领域深度融合，为将跨领域协同的创新模式逐步扩大到更多应用场景进行有力探索。实体经济的“数转智改”，需要数字技术的深度融合，科技创新加快动能转换，从而促进实体经济的产业转型，持续推进各实体产业的深度发展。元宇宙为实体经济场景要素的重新组合提供了技术基础与组织空间，为实体经济的技术创新与驱动构建了双向闭环。数字城市的建设可以提高城市的运行效率和管理水平，通过数字技术手段，可以实现对城市各个方面的数据采集、处理和管理，从而实现城市的高效管理和运行。

7.6 局限性与未来展望

本项目依托于青岛西海岸新区，有极强的海域文化特色，在内容创作上对其他水文化地域有较大的参考性。但由于该项目同时也受制于较强的地域文化特色，其工作流程及内容创作没有较高的普适性。

2023 年 6 月 5 日苹果全球开发者大会发布，在“one more thing”中推出了新产品，空间计算头显（Apple Vision Pro），并推出了全新的操作系统 VisionOS，该产品从一开始就被设计为支持空间计算的低延迟需求。

VisionOS 打破了传统显示器的局限，采用全新三维用户界面，通过用户的眼睛、手势和声音实现自然交互。Apple Vision Pro 的出现代表着空间计算新时代的开始。基于硬件设施的支持，结合“海元宇宙”等基于 AR 技术的虚实内容创新，将会为受众带来更身临其境的沉浸式体验，开启新的消费、娱乐和生产模式。

扫码了解青岛“海元宇宙”

第 8 章

RAR 真灵技术创新设计三要素

8.1 虚实融合与创新设计：挑战与理论构建

8.1.1 虚实创新的挑战

在当今社会，传统创新设计面临着来自多个方面快速变革的挑战。这些变革包括技术进步与数字化革命、全球化、经济模式和文化演变等领域，对传统创新设计的理念、方法和实践方式提出了新的要求和挑战。

技术进步与数字化革命对传统创新设计构成了重要挑战。随着信息技术的迅猛发展和数字化工具的广泛应用，创新设计面临着与日俱增的复杂性和多样性要求。新兴技术的出现不仅改变了传统设计方式，也在更广阔的层面上催生了全新的用户体验和交互方式。传统创新设计模式往往无法充分利用、适应这些新技术的潜力，导致创新设计的局限性和不足。全球化、经济和文化等变革也对当代社会创新设计提出了新的要求。

虚实融合技术的兴起推动了传统创新设计向虚实创新设计的演进。虚实融合技术，包括 AR，VR 和 MR，通过将数字信息与真实世界相融合，更新扩展了传统创新设计的范畴，提供了更沉浸式、更具交互性和个性化的体验，从而引起设计思维的转变与创新生态系统的重构。根据调查数据，AR，VR 和 MR 市场正呈现快速增长趋势，在设计创新领域得到迅速的应用。

传统创新设计在方法上局限于基于物理实体产品的思维和解决方案，同时容易受到设计者缺乏跨学科综合能力的限制。此外，传统创新设计依赖于线性的设计过程，用户真实体验与创新设计过程脱节，较难提供符合用户期望和需求的创新解决方案，在全球化、多元文化的变革冲击下更难以与快速变化的市场需求和技术发展同步。这些限制和困境与虚实融合技术的赋能促使设计创新领域迫切需要从传统创新转向虚实创新，直接推动了虚实创新设计作为一种新兴设计范式的出现。

虚实创新设计是一种设计范式，结合了虚拟和现实世界的元素，利用虚实融合技术，在创新设计的过程和实践中提供新的可能性。虚实创新设计同样可应用于多个领域，包括建筑与城市规划、设计、工程、艺术与娱乐等。它相对于传统创新设计所发生的转变，不仅局限于技术工具的应用，还包括设计思维、设计过程、用户角色和设计价值的重构。

作为集成了新一代数字技术的新兴概念，元宇宙为虚实创新设计提供了广阔的舞台、丰富的数据资源和共享交流、协同创作的新机制与平台，推动了传统创新设计向虚实创新的转变。清华大学新媒体研究中心发布的《2020—2021年元宇宙发展研究报告》将虚拟世界的发展分为三个阶段：数字孪生、虚拟起源与虚实融合。在虚实融合的应用领域，RAR 理论提供了指导。

8.1.2 虚实创新的理论构建

本章旨在深入探究虚实创新设计的核心要素，提供一个系统化的理论框架，并代入案例语境分析阐述该模型的合理性。具体研究目的如下。

推导三要素模型。通过对从传统创新到虚实创新之转变的研究以及文献案例的聚类分析，为虚实创新设计构建一个具体、准确的三要素理论模型。该模型旨在识别和解释虚实创新设计中的关键要素，以促进对该领域的深入理解。

阐释三要素模型。对所提出的三要素理论模型进行详细阐释，揭示每个要素的内涵和作用。通过清晰地界定每个要素的定义和特征，研究旨在提供一个共同的语言和理论基础，促进学术界对虚实创新设计的讨论和研究。

检验三要素模型在实际实践中的适用性和实用性。通过案例研究，研究旨在展示三要素理论模型在实际应用情境下的适应性，从而为实践者提供指导和决策支持。

本章的重要性在于提供一个基于明确的三要素的系统理论框架，用于理解和解释虚实创新设计的核心方法。通过构建和阐释三要素模型，为虚实创新设计领域提供新的理论视角和方法，填补了现有虚实创新设计要素理论的空白，为学术界提供一个共同的语言和研究框架，进一步探索虚实创新设计的内涵、特征和影响因素，推动该领域的学术进展和理论发展。三要素模型也具有应用价值，能给予从事虚实创新设计的专业人士和决策者实践指导和决策支持，帮助他们更好地进行虚实创新的创作和项目的评估优化，提高创作的成功率和质量。

8.2 虚实融合设计的理论与实践：构建三要素模型

随着环境不断变化和跨领域合作需求的提升，传统设计过程正面临挑战。数字技术发展使虚拟世界与现实世界的融合增加，虚实融合创新成为当代设计创新的新方向。现有研究从不同视角探讨了虚实融合设计的特征及其对传统设计模式的影响。

一些学者从不同角度探讨了虚实融合设计的特征及其应用前景，较为认同其区别于传统设计的独特价值所在。Girvan 提出了共享的、模拟的空间概念，为虚拟世界的定义提出一个新的框架。相较于传统创新，虚实创新设计具有更大的灵活性和创新性。Seidel 等提出元宇宙的创新设计更强调体验的开放性与涌现性，多元体验的重组、衔接、转移与变化将取代传统向特定结果靠拢的优化；另外，研究表明数字技术会为设计流程和工具带来革命性变化。虚拟现实和空间增强现实工具满足了设计师对克服复杂设计模型困难的需求，使非专业用户能够更好地参与到设计过程中。通过将数字内容嵌入用户真实的生活环境，为用户提供崭新的体验与认知方式。用户从被动内容接受者，变为可实时参与内容生成的主动参与者，突破传统设计师主导模式，拓展用户参与模式。例如，在空间增强现实（SAR）支持的环境中，用户之间的互动密度增加，数字内容的增强促进了在协同设计会议中的分享和交流。在价值的创造层面，Scholz 和 Smith 指出虚实融合设计可以创造身临其境的品牌叙事，同时也拓展了交互和参与的可能，支持新的交互模式。Chevalier、Ricci 等的研究也提到，虚实创新设计要求设计师整合跨学科技能。

然而，针对虚实融合设计要素及其内在机制的系统研究还比较欠缺。尽管少数学者探讨了部分相关问题，但理论框架仍不完整。现有研究主要存在以下四个问题：第一，现有理论框架多局限在纯虚拟的设计环境中；第二，过于聚焦虚实融合技术层面，而非设计要素；第三，设计要素研究存在片面性，未形成系统框架；第四，现有研究较少考虑要素间的内在动态关系。

基于上述研究现状，本研究拟总结归纳并构建虚实融合设计的三要素模型，数字化、群落化和可用性三个关键要素的演变、发展与相互关联作用，是为了回应上述传统创新创作模型现象而总结和提出，以期扩展虚实融合设计的理论内涵，并为实践提供参考。这一研究立足当下实践需求而开展，对推进该领域理论发展具有重要意义。

8.3 理论框架——RAR 虚实创新设计三要素

8.3.1 理论框架的构建方法

本章提出一种基于对设计创新生产方式变化进行推导分析得出的三要素理论框架。这一理论框架的提出与构建思路是基于对虚实融合背景下设计创新生产活动的观察和分析。

从传统创新设计到虚实创新设计，生产工具和生产资料发生了根本性的变化。数字技术和虚拟现实技术的应用使得创作者和设计师能够利用计算机软件、数字模型和虚实工具等进行设计和创作。生产工具从传统的手工工具和机械设备转变为数字化的软件工具和虚拟环境。生产资料也扩展到了数字化的资源和数据，包括数字模型、数据库、云计算等。虚实创新设计将设计活动从传统的物质世界延伸到数字世界和虚拟世界，通过虚实融合的方式进行创新和生产。这种变化主要是由数字技术的发展和应用所驱动，极大程度地提高了生产力，使得生产活动变得更加高效和便捷。“数字化”成为了虚实创新设计的第一个要素。

在生产方式的明确转变中，生产关系也发生了变化。在传统创新设计中，生产关系主要以层级化和专业化为基础，生产关系的权力结构较为集中。而在虚实创新设计中，设计的权利和能力被更多地倾斜向非专业群体，生产关系变得更加平等、民主，并强调开放性，协作者之间的连接和共创成为该设计范式的核心。这个变化中最核心的是新的群落化构建，即各种利益相关者之间的新型协同设计方法。

此外，在由传统到虚实的转变中，生产活动的效益也发生了巨大变化。在虚实创新设计中，不仅仅关注经济价值和观赏度，生产活动追求更为综合和多元化的效益，还可以体现在对经济、社会和文化的整体影响和效果上，强调的是在社会环境下效益的实际可用性。

这个框架为我们理解和研究虚实创新设计生产活动提供了一个有力的工具，帮助我们把握新时代创新设计的趋势和特点。通过深入研究这三个要素及其之间的相互关系和作用，我们能够更好地应对时代演变下创新设计领域的挑战。

8.3.2 要素一：数字化

在虚实创新设计中，数字化可被定义为在设计过程中应用数字技术与工具进行创作、分析和交流等环节的过程。数字化转化包括设计方法和设计结果，所使用的数字化技术与工具包括计算机辅助设计软件、三维建模工具、虚拟现实和增强现实技术等。

数字化在虚实创新设计的全过程中扮演关键角色。虚实创新的前提条件是数字技术的发展，这为虚实创新设计提供了丰富的工具和平台，为实现虚实创新设计提供了必要的基础。数字化涵盖了虚实创新设计的整个过程和各个环节，包括创意生成、概念开发与筛选、设计过程、分析决策、原型测试评估与迭代、交流协作等方面。

1. 创意生成

在进行虚实创新时，设计者通常运用数字技术工具辅助创意生成过程，如在收集、发展和产生创新想法和概念时提供大量创意灵感底板和创意思路的拓展，为后续的设计过程提供基础和方向。以当下创意生成中最常用的人工智能生成创意（Artificial Intelligence for Generating Creativity，AIGC）为例，该数字工具通过抓取、分析、处理和链接大量的数据、文本、图像和音频等信息源，整合不同学科领域的知识、信息和思维观点，并通过智能化及自动化的方式，利用算法和模型来发现模式、关联和趋势，从而在短时间内可以快速生成大量创意选项，多样化且具有一定创新性。打破传统创意生成的思维模式、团队与时空的局限，拓宽了创意的来源，提高了创意质量和效率，相较传统创新设计的流程，虚实创新的创意生成阶段中的数字化起到巨大的赋能作用。

2. 概念开发与筛选

数字技术被用于构建和展示虚实创新设计初步概念的数字模型、渲染和动画等，帮助创意设计概念被更清晰地表达、演示与呈现。在这里以三维建模和渲染类数字技术工具为例，该类型工具能快速将概念从抽象的想法与文字转化为可视的数字模型，同时可模拟不同材质、光影等效果，使概念的发展与评估更具动态性和实际可行性。同时，涉及对初步概念的评估、优化和决策时，可以利用数字化工具（如 Unity 3D 等）创建虚拟原型，在数字技术工具的辅助下进行小规模的交互式演示和测试，以验证和优化概念的可行性和用户体验。

3. 设计过程

虚实创新的设计过程一般包含问题分析、解决方案开发、设计生成和设计优化的一系列环节。设计师在这些环节中，一般都会使用数字技术工具进行创作和设计，实现快速原型制作、布局调整等功能。各种数字技术工具（如数字绘图软件、三维模型搭建软件等）的运用，一是考虑虚实创新设计目标的要求，二是为了更好地提高设计效率和精度。

4. 分析与决策

在虚实创新设计中，如要进行详细的分析和评估，以获得关于设计选择和决策的有效性依据，数据分析及可视化工具可以将相关数据可视化呈现，帮助直观分析和理解设计方案的关键指标和性能。决策支持系统工具可以用于构建决策支持系统，提供科学的数据分析和模型预测，用于辅助、支持、加速决策的制定，增加评估的准确性，同时为设计提供数据驱动的优化方向。

5. 原型测试与评估

三维建模软件、虚拟现实技术等数字化工具为虚实创新设计提供了创建更易制作与迭代的虚拟原型的能力。虚拟原型可以在虚拟现实等设备上进行交互式测试，从而验证设计的功能性、可行性和用户体验。通过数字化工具创建虚拟原型，加之用户体验测试的辅助工具，虚实创新设计的质量与效果能够得到更有效、直观的测试和评估。这种数字化的原型测试与评估方式在虚实创新设计中具有重要意义，能帮助设计者更好地理解用户体验与需求、验证设计方案，并促进创新设计的成功实施。

6. 交流与协同

远程协作工具是数字化技术在交流与协同环节中的体现，使设计团队能够充分利用虚实融合技术的优势，实现协同创新。虚实创新设计常常涉及多地分布的团队成员或与利益相关者之间的合作，以其中一个新兴远程协作工具"元宇宙协作平台"为例，该数字技术工具为设计团队提供了一个实时的、共享的虚拟工作间，可以共同编辑、讨论、交流设计成果，以及进行面对面的会议和交流等互动，加强沟通和协作效果；同时也可以以文件的形式实时交流想法和意见。

数字化是虚实创新设计中的要素。它加速了创新过程，压缩了创作与迭代周期，并提升了灵活性，使设计师能够快速生成、修改和测试创新想法。通过虚拟现实和增强现实等技术，设计的交互性与参与度得到了全新维度的增强，用户可以与设计作品进行新形式的互动。同样地，对于设计师与创作相关人员，数字化允许设计意见通过图像、动画和模型等更直观的形式进行传达，提升了创新设计过程中的沟通质量和效率。数字化使跨时间和地域的协作能力得到了显著增强，提供了更为便捷的协作机制与平台供设计团队实现实时协作和交流。此外，数字化对于分析决策的优化、测试与反馈收集评估等数据驱动的环节也起到重要的支持作用。

8.3.3 要素二：群落化

在虚实创新设计中，群落化要素可以被定义为由包括设计师、大众等利益相关者在内的广泛参与者群体，通过共同合作、协同创作和知识共享，共同参与全周期设计并共同塑造设计结果的过程。

该要素强调了两个要点，其一是设计创新中群落定义的扩展。虚实融合等数字化技术的发展使得虚实创新中的协同设计突破了传统设计中仅由专业人士完全主导的模式，拓宽了参与者的范围，将设计过程开放给更广泛的多元参与者，使得非专业大众、跨专业人士等也可以成为创作的一部分，与专业设计师共同发展和实现创新设计。

在虚实创新设计中，群落所包含的多元参与者角色有以下五种。

1. 设计师

核心群体，包括专业设计师、设计团队、设计学者等。相较于传统创新设计，设计师群体在虚实创作过程中需要负责整体设计策略的制定和实施，包括协同创新模式的设计等，并起到引领设计创作的作用。

2. 非专业大众

通过虚实融合等数字化技术和工具参与到设计过程中的非专业人士群体，包括普通用户、消费者、城市居民等。虚实创新设计鼓励非专业大众参与设计过程，数字技术降低了设计创作实践的专业门槛并提供了工具，使得非专业大众可以与专业设计师进行互动与合作，进行创新成果的共同产出，完成从辅助调研、意见反馈等设计环节中较为边缘、协助性的角色到设计的协同创作者的转变。

3. 跨学科专业人士

虚实创新通常为复杂的设计问题提供更综合的创新解决方案，因此鼓励不同学科领域之间的合作。跨学科专业人士群体包括但不限于科学家、工程师、社会学家、心理学家等非设计专业的从业者，该群体通过数字化技术参与到设计过程中，协助虚实创新设计的多角度思考和创作。

4. 利益相关者

利益相关者群体包括与设计项目相关的各方利益相关者，如政府、市场营销人员、企业代表、技术专家等。在虚实创新设计的过程中该群体可以以更直观的方式参与协同设计过程，以此更好地提出业务需求和进行市场观察等，为设计结果的实现和商业化等提供支持。

5. 设计教育和研究者群体

设计教育和研究者群体是与虚实创新设计领域相关的学术界、教育机构和研究组织的群体。该群体一般通过研究、教学和知识传播，推动虚实创新设计的理论和实践的发展，为虚实创新提供理论支持、专业延伸与教育指导。虚实创新设计可以被其纳入课程内容和教学方法中：通过虚实融合技术，学生与教师成为项目的协同创作者，与专业人士进行实时交流和合作；同时，该群体所成立的虚实实验室也可以为虚实创新设计提供虚拟实境、增强实境、协同平台等设施和工具，支持实践探索。

这些群落之间的合作和交流构成了虚实创新设计中的群落化要素，共同推动设计的共创和创新。通过群落化的设计方式，不同群体之间的合作和互动可以促进多元视角的融合、集体智慧的发挥，为设计带来更广泛的影响和更好的实施方案。

群落化要素强调的第二个要点是群落化协同设计的全周期性。传统创新设计中，由于专业门槛无法被消弭或降低，非专业人群参与的协同设计一般只发生在问题定义、意见调研、创意生成等前期的设计构思阶段中。虚实创新设计中的群落化要素可以看作是对传统群体协同设计的一种创新。群落化涵盖了设计过程中的各个阶段，包括初始创意的生成、概念开发、创作过程、测试评估、设计决策、成果展示等环节。除了促进创意的多样性、创新的集体智慧，全周期的群落化更强调推动创新设计与社会的紧密联系，提升设计结果的共创性与社会认同。

群落化要素与数字化要素相互支持。数字化技术为群落化提供了 AIGC 等可以降低非专业大众群体设计门槛的数字工具，及可供协同设计的具体工具与平台，作为虚实创新设计中知识共享与协作共创的基础。同时，群落化也赋予了数字化中的数字技术与工具更多元的实践场景，拓展了其可能的应用维度。

8.3.4 要素三：可用性

虚实创新设计的可用性在其理论框架中是一个关键的要素，除了设计的美学属性之外，它涵盖了包括经济、文化、社会层面在内的设计实际应用和可用价值，使其成为一个具有广泛影响力和可持续发展的设计范式。

经济可用性是虚实创新设计的一个重要方面。虚实创新设计通过元宇宙平台和技术应用，为商业运营提供了可持续的商业模式。通过投放沉浸式 AR 广告、搭建 AR 虚拟商城平台以及创作与虚实融合相关的 IP 文创产品等手段，可以直接获得经济效益。沉浸式 AR 广告通过提升用户体验和品牌传播的创意性，赢得广告商的青睐。AR 虚拟商城平台顺应年轻一代对科技的热衷和消费购物行为的变革，提供了线上线下相结合的虚拟购物体验，满足用户的购物需求。通过创作与虚实融合相关的 IP 文创产品，可以借助中国年轻一代对 IP 文创产品的热情，为全年龄段游客提供全方位的文旅体验。经济可用性的实现不仅促进了虚实创新设计的可持续发展，还为社会经济的发展提供了新的动力。

社会可用性是虚实创新设计的另一个重要方面。虚实创新设计通过虚实融合的场景和互动空间的打造，重塑了公共空间，并提升了城市的综合竞争力。通过 RAR 技术的应用，可以提高城市的全域感知能力，为城市的数字化建设提供动力。虚实创新设计也赋能了硬核应用场景，提高了城市的运行效率和管理水平。此外，虚实创新设计还可以结合具有历史和文化价值的形象和叙事，塑造城市的独特形象，并增加与其他城市的区分度。社会可用性的实现使得虚实创新设计在社会发展和城市建设方面发挥了重要作用。

此外，文化可用性强调，在设计 RAR 体验时，应尽可能地结合具有历史和文化价值的形象和叙事，以塑造城市的独特形象并增加与其他城市的区分度。通过虚拟叠加的形象和叙事，用户能够感受到时间的流转和历史的沉淀，获得一种深度沉浸式的感知。虚实创新设计还可以将商业活动、文化展示和社交互动等元素与空间相结合，实现适当的文化经济结合。这种综合应用可以提高空间的活力和可读性，吸引更多的用户，促进区域经济发展和活跃。文化可用性的实现不仅丰富了虚实创新设计的内涵，还提升了人们对文化传承和城市形象的关注和认知。

需要注意的是，在传统的观看属性之外，虚实创新作品强调其美学属性也同时满足可用性。通过设计的手法、颜色的运用、元素的生动性以及虚拟与现实的契合度等因素的控制，创造出具有美感的界面设计，从而提升用户参与度，提供令人满意的虚实融合体验。

8.4 案例论证

8.4.1 青岛海元宇宙项目介绍

以山东省青岛市青风汇广场的海元宇宙项目为案例，对上述三要素模型进行实践中的解释说明并验证其合理性。

该项目旨在在青岛西海岸新区打造一个融合现实场景和虚拟技术的数字化城市广场。重点将放在唐岛湾公园运河广场及周边范围的现实场景上，通过引入元宇宙创新技术，创造全球首个面向海洋的虚实共生场景，实现虚拟景象与现实海景、城景的同步融合互动。这样的创新将把虚实融合的概念带给大众，为城市注入新的活力和魅力。该项目通过虚实应用场景的创新，推动元宇宙与政府治理、民生服务的深度融合，进一步促进新区数字经济的高质量发展。同时，该项目也带动了在地人才流、信息流、交易流、物流和资金流等数据流量体系的汇聚，为西海岸新区打造一个开放、现代、活力和时尚的国际化新区提供助力。

8.4.2 数字化要素

数字化要素是指在项目中采用具体的数字化实践和技术，以及将项目设计环节数字化的过程。在青岛海元宇宙项目中，数字化要素得到了广泛应用，为该项目的创新提供了基础支持和技术保障。

虚实共生场景演绎是一个数字化实践。通过虚拟沙盘和虚拟城市地标等技术手段，项目团队能够在数字环境中模拟出真实的场景和建筑物，提供一种虚拟的体验。这种虚拟环境能够帮助规划者和投资者更好地理解项目的潜力和发展方向，从而进行更准确的决策和规划。此外，大数据算法也是项目中的数字化要素之一。海元宇宙项目应用了大数据算法来进行个性化推送。通过收集和分析用户数据，项目团队能够根据用户的喜好、兴趣和行为模式，为他们提供个性化的推送内容。这种个性化推送能够提高用户体验，增加用户参与度，并帮助项目团队更好地满足用户需求。

综上所述，数字化要素在青岛海元宇宙项目中起到了重要的作用。通过虚实共生场景演绎和大数据算法的应用，项目团队能够提供更准确的决策和规划，并为用户提供个性化的体验和服务。这些数字化实践不仅提升了项目的可行性和竞争力，也为项目的可持续发展奠定了基础。

8.4.3 群落化要素

青岛海元宇宙项目通过群落的参与和共创，展现了虚实创新的群落化要素。城市市民作为具体的群落和协同设计者，在项目中发挥着重要的作用。

首先，项目通过将市民作品纳入 RAR 光影秀中鼓励市民参与共创。所有市民通过 App 发布的作品将被 RAR 创新技术融入光影秀的展示内容中，与项目的虚拟元素相互融合。这种参与方式使市民成为创意和艺术的贡献者，赋予他们展示个人创作才华的机会。通过将市民的作品与项目相结合，海元宇宙成为了一个展示和推广城市市民创作的平台，增强了市民与项目之间的互动和参与感。其次，项目还鼓励市民共同装饰虚拟未来之城。市民可以参与设计和装饰海元宇宙中“未来之城”的城市墙体立面元素，为未来之城增添个性和创意。这种参与共创的方促进了市民之间的交流和合作，形成了一个虚拟的、具有共同目标和归属感的群落。这种群落化的虚实创新模式为市民提供了参与城市建设和文化创意的机会，进一步提升了社区凝聚力和城市发展的可持续性。市民的参与不仅在创作和装饰过程中实现了共创，还丰富了项目的内容和多样性，为海元宇宙的虚实体验提供了更具吸引力的元素。

8.4.4 可用性要素

青岛海元宇宙项目作为一个具有可用性要素的案例，不仅在经济方面具有可持续的商业运营模式，还在文化和社会领域提供了全域文旅战略的助力，通过虚实创新和数字技术应用，为新区的发展注入了活力，并提升了城市的综合竞争力。

在经济方面，项目通过公共空间资源的资产化搭建了可持续的虚实商业运营平台。海元宇宙运用多种方式获取直接经济效益，比如投放沉浸式 AR 广告，提升用户体验与增强品牌传播效果，吸引广告商的投入；搭建 AR 虚拟商城平台，契合年轻人群对科技的热爱以及消费行为的变化，营造线上线下一体的虚拟购物环境，满足用户购物需求；创作以海元宇宙为主题的 IP 文创产品，凭借年轻一代对 IP 文创产品的钟情，融入海洋和影视文化特色，开发出别具一格的衍生品，为各个年龄段的游客提供丰富的文旅体验。

在文化方面，海元宇宙项目搭建了新区文化旅游资源整合平台，为全域文旅战略提供助力。通过整合新区丰富的旅游资源内容并进行宣传推广，平台使游客能够系统了解西海岸新区的观光景点、休闲娱乐、文化、美食和住宿等人文风情。这种系统化的文化旅游资源体系可以提升新区的文化旅游体验，助力新区实施全域文旅战略。

在社会方面，项目通过虚实创新重塑滨海公共空间，引领数字生活体验。运用 RAR 技术打造沉浸式场景和互动空间，保持公共空间活力，重构新区的文旅新格局。项目赋能硬核应用场景，提高城市全域感知能力，为新区数字城市建设提供动力。此外，项目还集成了跨领域协同模式，推动城市功能的重塑，为实体经济的技术创新和驱动提供了支持，同时提高城市的运行效率和管理水平。

8.5 数字化、群落化与可用性的相互作用与应用实践

8.5.1 探讨三要素的相互关系和相互作用

数字化、群落化和可用性是虚实创新设计中不可或缺的三个要素。这些要素相互关联、相互作用，共同推动了设计的发展和创新。数字化为设计提供了更多的工具和技术支持，群落化促进了多元参与和协同创作，可用性总结虚实创新设计的可用价值与意义。这些要素的综合应用有助于实现更具创新力和社会影响力的虚实创新设计。随着技术的不断演进和社会需求的变化，在未来的设计实践中，应该继续探索和加强这些要素之间的关系，以不断推动虚实创新设计的发展和进步。

8.5.2 三要素理论的应用实践

本章提出了虚实创新设计中的三个关键要素：数字化、群落化和可用性。这些要素在虚实创新设计中具有重要性，并相互关联和相互作用，为设计过程和设计结果的成功实现提供了基础和指导。

首先，数字化要素在虚实创新设计中起着重要的作用。数字化技术的发展为设计过程提供了更多的工具和平台，拓展了设计的边界，促进了创新的实现。数字化不仅提供了更高效和便捷的设计工具，还通过虚实融合、数据分析和模拟仿真等方式，为设计师和参与者提供了更多的创造和探索空间。数字化要素使得虚实创新设计更加灵活、高效，并推动了设计的可持续发展。

其次，群落化要素强调了广泛参与和协同创作的重要性。在虚实创新设计中，设计师、大众等利益相关者共同参与设计过程，并通过合作、共享知识和协同创作的方式共同塑造设计结果。群落化的设计方式促进了多元视角的融合和集体智慧的发挥，为设计带来了更广泛的影响和更好的实施方案。群落化要素使得设计过程更加民主、包容，并促进了设计与社会的紧密联系。

最后，可用性要素强调了虚实创新设计的多维价值的体现。虚实设计的方法与成果的展现手段使其成为一个更加综合和多元化的实践领域。设计不再仅仅关注外观和形式，而是渗透到经济、文化和社会各个方面，具有广泛的应用和影响力。

8.6 局限与展望

本章对虚实创新设计的三要素模型进行了深入探究，但缺乏实际的数据和实证研究结果来验证虚实创新的三要素模型的有效性。未来的研究可以采用实证研究方法，收集更多的数据，通过实际案例或实验进行验证，以增强研究的可信度和说服力。

同时，本章聚焦于青岛海元宇宙项目，这限制了研究结果的推广性和普遍性。在未来的研究中，将考虑拓展研究范围，包括多个不同地理和文化背景下的虚实创新项目，以比较分析其设计要素、关系和流程的差异和共性。

未来的研究可以进一步扩展数据和实证研究，比较不同案例的设计要素，同时深入研究设计要素之间的关系和设计流程，以推动虚实创新设计领域的学术进展和实践发展。

探索虚实创新设计要素：未来的研究可以进一步探索虚实创新设计的其他重要因素，例如用户参与、技术创新和可持续性等。通过细化和扩展设计要素的范畴，可以更全面地理解虚实创新设计的核心要素和影响因素。

研究设计要素之间的关系：除了研究单独的设计要素，进一步研究不同要素之间的相互关系和影响也是一个重要的方向。通过分析设计要素之间的交互作用，可以深入揭示虚实创新设计的复杂性和动态性，从而提供更具实践指导性的研究成果。

研究虚实创新设计的流程：在虚实创新设计中，设计过程和流程对于项目的成功与否至关重要。未来的研究可以关注虚实创新设计的具体流程，并探索如何优化和管理这一流程，以提高创新项目的效果和效率。

参考文献

[1] GIRVAN C. What is a virtual world？ Definition and classification[J]. Educational Technology Research and Development，2018，66（5）：1087-1100.

[2] SEIDEL S，BERENTE N，NICKERSON J，et al. Proceedings of the 55th Hawaii International Conference on System Sciences[C/OL]. 2022[2024-05-06]. https://scholarspace.manoa.hawaii.edu/items/90356953-d9fe-4e83-affc-1c4c6e6be8c4.

[3] NAMBISAN S，LYYTINEN K，YOO Y. Handbook of digital innovation[M]. Cheltenham Glos，UK：Edward Elgar Publishing, 2020.

[4] SCHOLZ J，SMITH A N. Augmented Reality：designing immersive experiences that maximize consumer engagement[J]. Business Horizons，2016，59（2）：149-161.

[5] BEN GUEFRECH F，BOUJUT J F，DEKONINCK E，et al. Studying interaction density in co-design sessions involving spatial augmented reality[J]. Research in Engineering Design，2023，34（2）：201-220.

[6] CHEVALIER C，KIEFER C. What does Augmented Reality mean as a medium of expression for computational artists？ [J]. Leonardo，2020，53（3）：263-267.

[7] RICCI M，SCARCELLI A，FIORENTINO M. Designing for the Metaverse：a multidisciplinary laboratory in the industrial design program[J]. Future Internet，2023，15（2）：69.

第 9 章

RAR 真灵技术创新的创作者画像

9.1 基于 RAR 创作者模型的实践——仙元宇宙

官河水街位于浙江省台州市黄岩区，是一条沿人工运河两岸而建的商业街道。RAR 空间内容需要被引入，以丰富商业街道的体验和沉浸感。创作人员团队根据 RAR 商业场景创作者模型（见 9.4 节）被分为五组，分别为：RAR 首席创意官、RAR 媒体传达设计师、RAR 工程师、RAR 电子工程师和 RAR 空间场景设计师。

项目从整体的 RAR 商业空间规划开始，RAR 首席创意官首先通过田野调查（Field Research）和桌面研究（Desktop Research）了解并梳理了黄岩的在地文化和官河水街的场地信息；之后，他们从文化、功能和商业三个角度，分别产出了 IP 和内容概念、功能规划以及商业模式的规划；最后，这些前期规划内容被划分为四部分，交由其余 RAR 商业空间创作者深化发展。

在前期准备阶段，RAR 空间场景设计师和 RAR 媒体传达设计师在收到来自 RAR 首席创意官的需求之后，会首先进行合作商议，以确保官河水街项目总体视觉效果的统一；RAR 电子工程师则会来到现场，利用测绘级全彩点云扫描设备对街道整体（包括楼体、地形）进行扫描（图 9-1），将扫描内容通过三维软件建成街道基础白模以便空间设计师进行立面设计的绘制。以上的两个步骤是同时进行的，以便提高项目整体的推进效率。

在设计阶段，RAR 空间场景设计师和 RAR 媒体传达设计师承担了主要角色。RAR 空间场景设计师在 R 和 AR 部分均开展工作。在 R 部分，RAR 空间场景设计师以“宋韵文化”为关键词，依据RAR首席创意官对官河水街的功能规划，设计了七个交互节点，这些交互节点包括现实部分（楼体投影、水面投影、水幕投影、LED格栅屏交互、裸眼3D）和增强现实部分（红包雨、AR点单、AR弹幕等），然后根据交互点位的特点，在现有灯光基础上对官河水街的灯光照明方案进行重新设计；在AR部分，根据RAR电子工程师扫描建立的基础模型，对街道的虚拟世界氛围以及店铺的动态招牌进行立面绘制（图9-2）。RAR媒体传达设计师在RAR空间场景设计师的点位规划基础上，进行数字内容的脚本编写和分镜绘制；同时，RAR媒体传达设计师也负责根据RAR电子工程师设计的客户端功能架构进行用户交互界面设计（图9-3）。在设计过程中，RAR空间场景设计师和RAR媒体传达设计师的设计结果会实时向RAR首席创意官反馈，由RAR首席创意官把控整体效果和项目进度。

设计阶段之后是制作阶段。RAR电子工程师首先根据RAR空间场景设计师绘制的增强现实立面图进行建模（图9-4），将资源放进引擎场景中（图9-5），然后对资源进行交互和动效的代码编写制作（图9-6）。RAR媒体传达设计师设计的用户交互界面，也会交由RAR电子工程师进行客户端的集成开发。RAR工程师会和RAR空间场景设计师沟通交互点位所需要的灯光和硬件设施，并根据现场地形确定硬件架设的点位，绘制工程图以便于后续落地实施。RAR

图9-1　全彩点云扫描
来源：笔者自绘

图9-2　店铺招牌空间立面设计
来源：笔者自绘

图 9-3　客户端交互界面设计
来源：笔者团队提供

媒体传达设计师则负责数字动画及 IP 人物（如橘仙、塔仙、河仙和石仙）的建模和制作。

最后是现场测试阶段。RAR 工程师和 RAR 电子工程师主要负责这一部分。RAR 工程师将 RAR 媒体传达设计师所制作的数字内容合成入现场硬件设施中，通过调试光照和位置来确保数字内容呈现最佳的效果。RAR 电子工程师则需要使用测试的手机在街道走动，确保客户端运行的流畅性以及增强现实部分模型不会有穿模等错误情况（图 9-7）。图 9-8 和图 9-9 分别展示了最终呈现的室外和室内的部分效果。

在官河水街元宇宙街区项目中，五类 RAR 创作者负责不同的领域却又紧密合作，覆盖了项目的开发和制作需求。项目从 RAR 首席创意官的整体规划开始，从文化、功能和商业角度确定官河水街仙元宇宙项目的整体框架，并将内容细化成四部分交由其余创作者深化。其中，在设计阶段，RAR 空间场景设计师和 RAR 媒体传达设计师各司其职，完成官河水街仙元宇宙现实部分和增强现实部分的内容设计；在制作阶段，设计师们的成果交付给 RAR 工程师和 RAR 电子工程师，分别进行施工深化和客户端的研发；最后，成果会在现场进行测试，以确保运行的稳定性。

在知识集上，五类创作者的知识范围囊括了空间设计、动画设计、媒体设计、人机交互、软件开发和建筑工程等多个学科。在技能集和工具集方面，存

图 9-4　模型制作过程图
来源：笔者团队提供

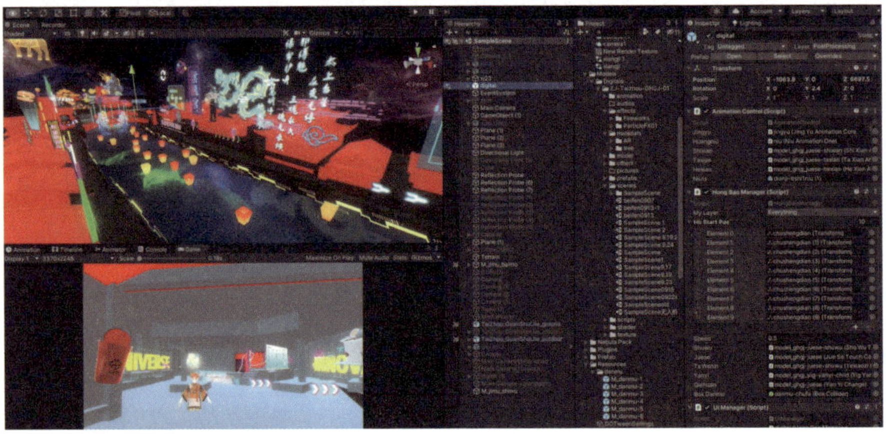

图 9-5　场景制作引擎
来源：笔者团队提供

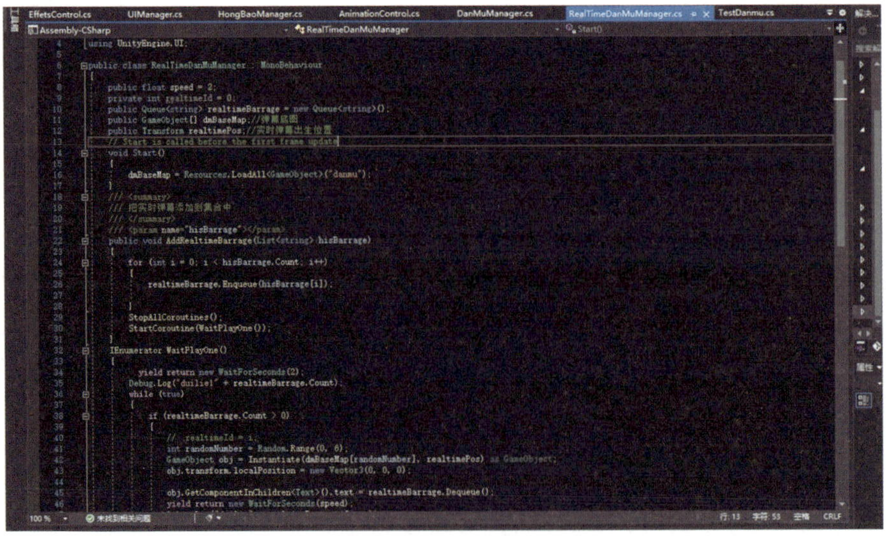

图 9-6　交互和动作效果代码编写
来源：笔者团队提供

在不同创作者角色重合的情况，例如项目对 RAR 空间场景设计师和 RAR 媒体传达设计师在绘画和插图能力、建模和渲染能力等方面有着同样的需求；RAR 电子工程师和 RAR 空间场景设计师存在领域交叉的情况，包括虚拟场景的设计和搭建，数字建模和引擎渲染等。五类合作者的跨学科合作也拓宽了创作者们的思维范式，使得项目执行的效率更高。

9.2 跨学科团队与虚实创新：挑战与合作模型

对（扩展现实）的需求和其市场规模正在迅速发展。根据研究数据，全球 XR 市场规模在 2021 年为 189.6 亿美元，预计到 2026 年则将暴增到 1000 亿美元。“脸书”（FaceBook）改名“元”（Meta）并推出“元宇宙”概念后，2023 年苹果推出空间计算设备 Apple Vision pro，预计全球对于 XR 服务以及对应生态的需求无疑会实现井喷式增长。

9.3 虚实融合设计：跨学科团队的挑战与协作模型

对 XR 的需求的增加意味着，开发者团队可能需要在更短的时间内以更高的效率完成扩展现实应用的研发。要实现这一目标，开发者团队的人员需要进行合理化分配，每名成员各司其职，以合理的工作流高效完成开发。

然而，类似于 RAR 这类将 AR 理论运用进城市空间的实践是一大挑战，因为其涉及美学、信息技术与实际空间需求的结合。

对于涉及 AR/VR 的项目来说，从最初的上下文分析到部署的设计过程中，一个人经常扮演多个角色并面临各种挑战，主要涉及三个方面：团队内部对媒体的误解、缺乏工具支持和适当的方法和缺乏共同语言。同样，设计师在这一跨学科环境下的应用设计也面临许多挑战，主要包括四个方面：科学领域的设计研究缺乏可信度、对项目结果的期望的差异所导致的团队内部紧张关系、思维方式、语言和工具方面的文化差异、科学驱动的线性思维与设计迭代的非线性过程所带来的挑战。而在城市空间的语境下，虚实融生的设计也同样改变了传统的城市规划和空间设计程序，特别需要设计师掌握在数字技术、3D 游戏引擎，甚至是背景基础设施等方面的知识。对于传统商业空间设计项目，主要

图 9-7　现场测试
来源：笔者自绘

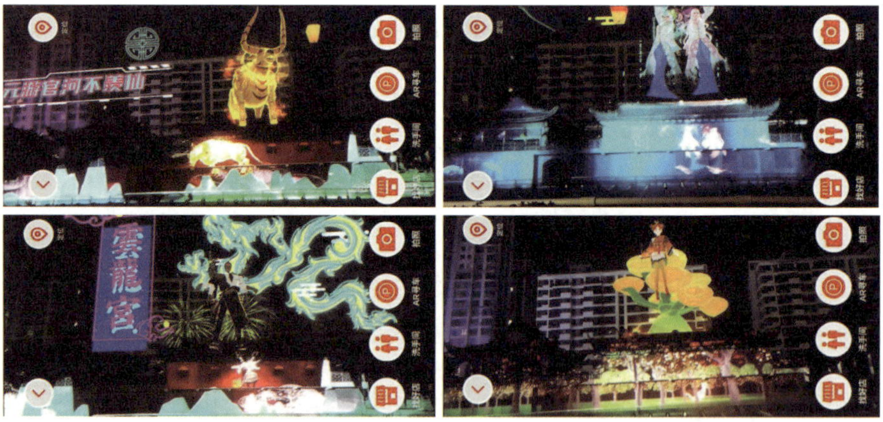

图 9-8　RAR 演绎最终效果部分展示（室外）
来源：笔者自绘

图 9-9　RAR 演绎最终效果部分展示（室内）
来源：笔者自绘

的创作人员包括丰富空间内容的空间设计师、灯光设计师等。在设计院校系统地接受传统的空间设计、灯光或舞台设计课程知识，使得设计师们可以改善商业场景的视觉和听觉的体验。而在 RAR 商业场景中，虚实融生的设计需求也反促使设计团队和设计师理论体系的优化和升级。例如空间设计师除了规划和设计实体商业空间之外，也需考虑其与商业虚拟空间的结合关系；为了让虚拟空间融入现实空间中，软件设计师、计算机程序员、芯片制造商、硬件制造商以及网络提供商也需要思考他们分别担任的角色是什么，以及他们如何相互作用，为用户提供有意义的体验。

由于硬件的快速发展、团队的跨学科性以及标准和最佳实践的缺乏，AR/VR 仍然是一个碎片化的设计空间。传统实体商业空间设计中的现有概况和实践通常不能提供创建 RAR 商业空间所需的普适技能基础。虚实融生的空间场景设计和创作需要多个学科的视角。为了弥补研究空白，笔者尝试探究以下问题。

（1）在虚实结合的创新设计中，需要何种类型的人员分配？

（2）他们需要什么样的专业知识或理论体系？他们的工作流将围绕什么展开？

本章主要探讨虚实结合创作团队的人员配置模型，并总结各类创作者所需的工具集和他们的工作流。最后，笔者将通过一个案例辅助讨论实际项目中这一模型是如何运作的。通过这种方式，笔者希望创建一个更加高效且愉快的虚实创新创作者团队，以提高虚实创新的创作效率。

9.4 RAR 创作者模型提出

9.4.1 模型假设

如上文所述，由于学科跨度大，传统的设计人员或工程师已难以满足 RAR 空间项目的创作与开发需求。基于这一跨学科领域的协作特征，创作角色需要被重新定义和分类，同时也会有全新的职业加入。基于协作式 AR/VR 图表应用开发的团队角色模型，以及互动式服装创作者特征模型理论，笔者提出了 RAR 虚实空间创作者模型。图 9-10 展示了 RAR 虚实空间创作团队的五类创作者以及他们之间的合作关系。

1. RAR 首席创意官

作为顶层设计者，RAR 首席创意官把控项目总体的方向和效果。他们负责产出 R 和 AR 结合的概念，并将这些概念内容具象成设计或设计需求以便于和其他创作者进行沟通。

2. RAR 空间场景设计师

在 R 部分，RAR 空间场景设计师需要对现实空间进行改造和设计，包括灯光等；在 AR 部分，RAR 空间场景设计师则负责虚拟场景的设计，保证虚拟空间良好的视觉效果和空间感。

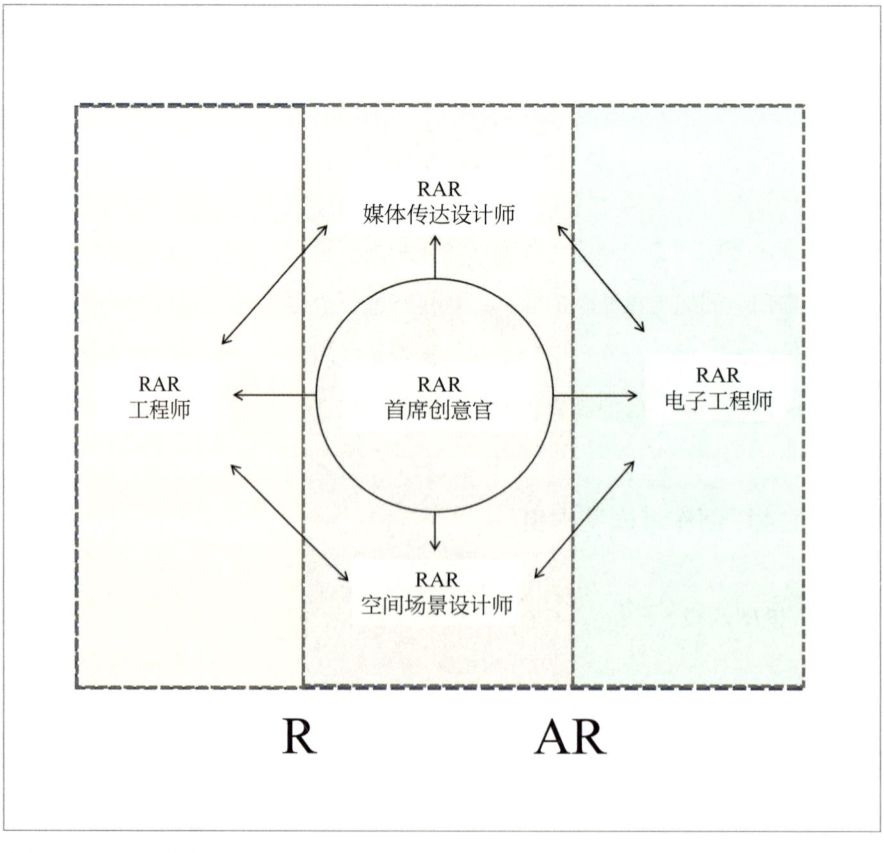

图 9-10 RAR 虚实空间创作者模型
来源：笔者自绘

3. RAR 媒体传达设计师

在 R 部分，RAR 媒体传达设计师负责数字内容的编排和制作；而在 AR 部分，RAR 媒体传达设计师则负责对虚拟世界进行交互设计，以及对客户端进行用户界面和原型设计。

4. RAR 工程师

相较于前三类创作者，RAR 工程师的职责主要在 R 部分。他们负责将设计内容转化为可落地的硬件，并绘制工程图，以便于施工者更好地理解实施。

5. RAR 电子工程师

RAR 电子工程师负责虚拟场景的搭建以及效果的制作，并编写 AR 部分的交互代码，从而集成为面向用户的客户端。

五类创作者之间均存在一定的协作关系。首先，RAR 首席创意官和其余四类创作者都有合作，因为他们需要用由概念转化而来的需求与其他创作者沟通，确认是否可以实现理想的效果。其次，其余四类创作者互相皆有协作关系。例如，RAR 空间场景设计师需要就现实空间改造设计与 RAR 工程师进行沟通，从而将设计内容落地；RAR 媒体传达设计师需要和 RAR 电子工程师合作，以便于将数字和交互内容集合；RAR 媒体传达设计师和 RAR 空间场景设计师在项目创作过程中也会进行合作沟通，以对 RAR 空间整体的视觉美学达成共识。

笔者将以在浙江省台州市黄岩区的官河水街仙元宇宙街区项目作为案例，对这一 RAR 创作者模型进行叙述和讨论。

9.4.2 研究实验：与专业从业者的访谈

本节采用定性分析的研究方法，通过 8 场专家访谈深入了解 RAR 商业空间创作者的职业概况。受访者均来自中国，男性 7 例，女性 3 例。他们分别在实体空间的灯光数字演绎和虚拟空间的 AR 互动方面具有丰富的项目经验。根据他们的专业背景与在项目中承担的职责，笔者将他们分为 5 类：媒体传达设计师（2 人）、空间场景设计师（2 人）、工程师（1 人）、电子工程师（2 人），以及首席创意官（1 人）。8 位受访者（按照 E01~E08 进行编号）均在同一个

表 9-1 RAR 虚实空间创作知识、技能、工具汇总

创作者品质	创作者类型				
	RAR 首席创意官	RAR 媒体传达设计师	RAR 空间设计师	RAR 电子工程师	RAR 工程师
知识集	设计战略与管理 设计思维 系统思维 商业模式 城市规划 人机交互	数字媒体设计 视觉传达设计 IP 角色设计 UI/UX 设计 人机交互 拓展现实	空间美学 空间叙事 扩展现实 灯光设计 人机工程学 人机交互	计算机编程 软件工程 数据库设计 云计算 地理信息勘测和编码 人机交互	投影工程 软件工程 光学设计 工程机械设计 建筑工程设计
技能集	概念创意设计 系统设计 草图绘制 项目管理 简报	绘画和插图 平面设计 角色原画 角色建模与渲染 分镜脚本撰写 视频剪辑 动画与特效制作	绘画和插图 空间功能规划 虚拟场景设计 空间建模和渲染 灯光渲染	编程技术 APP 开发 点云扫描技术 计算机视觉和图像处理 人工智能及算法 电子工程与硬件通讯开发 虚拟场景搭建	灯光亮化 投影融合 强电管理 弱电管理 灯光演绎节目编辑 集成控制
工具集	手绘工具 思维导图 汇报工具 项目管理工具	草图和插画软件 平面设计工具 数字建模和渲染软件 视频制作和剪辑工具	草图和插画软件 低保真和高保真原型 光学设计软件 数字建模和渲染软件	地理勘测工具 全景视频采集工具 点云扫描数据处理软件 数字建模软件 编码和开发平台 游戏引擎软件	光学设计软件 数字建模和渲染软件 专业投影融合软件 集成控制软件

RAR 商业空间创作项目中合作过，其中 3 位受访者有 2 次共同合作的 RAR 项目经历。

笔者的采访在 2022 年 9 月至 10 月期间进行，通过在线视频聊天，平均每人持续 45 分钟。经许可，在访谈过程中全程录音并记录，结束后对录音文件进行文字转译并对访谈结果进行编码分析。笔者参考了定性研究的编码流程，对数据分析结果按照主题归类，对这些类别进行总结。所有的采访都是基于同样的半结构化问题大纲（见附录）。

访谈重点关注设计、开发和部署 RAR 空间过程中的角色定位、任务以及它们之间的相互作用。另外，笔者也询问了受访者在创作过程中应用的技能、工具、学科知识。对专家访谈进行全面分析后得出了四个主题的洞察，涉及跨学科协作、团队沟通、RAR 项目顶层设计以及对提出创新的理论方法的诉求，并从受访者的描述中粗略总结了各个专业的创作者在 RAR 项目中所需的品质（表 9-1）。

在采访过程中，最主要的发现是跨学科的团队协作在 RAR 项目创作过程中的重要性。其次，由于 RAR 项目创作者来自不同的团队，拥有不同的知识和技术背景，团队之间的沟通需要建立在理解对方学科语言的基础上。此外，首席创意官这一角色在 RAR 空间创作项目中尤为重要，他们整体把控和规划项目的进度与方向，更好地调配团队。最后，也有多个采访者表示，由于 RAR 空间创作是一个全新的领域，创新的理论和方法指导仍然是一片空白。下文将更详细地描述这些洞察。

所有的受访者在访谈过程中都提到了跨学科合作的重要性。正如 E05 在访谈中说的："……我们的项目在短时间内可以高效产出落地，离不开每一个团队的合作与协作。"

在访谈过程中，几乎每一受访者都提到了和全新领域团队"完全跨专业的合作"（E01）。他们提出，由于 RAR 空间创作涉及空间规划、创意产出、工程设计、内容制作、程序开发等一系列流程的专业跨度之大，已经完全超出了单个团队的技术和能力范围。因此，在合理划分工作内容和范围之后，将不同部分交给不同的专业从业者完成，即"专业的人做专业的事"（E04）成为了最高效的方式。另外，E05 提出，在 RAR 空间创作项目中，由于不同团队会基于不同学科背景提供对于项目的不同见解，各个团队之间也会互相启发，这样就能产生积极作用。

尽管跨学科的团队合作可以让 RAR 空间创作更为高效且具有启发性，团队之间的沟通仍是大多数受访者遇到的难题。在沟通过程中，创作人员除了需要清晰地利用自己学科语言表达需求和成果，也需要理解对方的学科语言，从而达成创作共识。

“……跨专业协作时，每一个团队在跨领域都会碰到语言不通的问题。我们如何理解他们的技术，他们如何理解我们的需求，从而让项目达到一个所有团队都可以接受的状态，是工作过程当中我们所面临的一大挑战。”（E01）

和 E01 想法不谋而合的是，作为数字灯光设计师的 E03 也提到，不同的沟通方式会被采取以便于和不同团队进行沟通。此外，高效且及时的沟通也很重要。身为项目管理的 E07 对此感触颇多。她认为，在项目中遇见问题时，团队之间必须及时提出方案，小问题如果不及时处理，就会变成未来一大隐患。E02 认为，在开始工作之前，各个团队通过沟通达成一致的最终目标并为之努力，是一种较为理想的工作状态。最后，多位来自不同领域的专家都反映面对面的沟通在 RAR 项目中要比线上远程协作更高效：“……面对面的工作或是调试效率都要明显高于远程协作。每个人的设计美感、空间感都不同，根据描述去感受空间和实地感受空间尺度也会不同。同样，每个人对于语言的理解也都不同，面对面时高频的交流便于沟通想法，而文字则适用于沟通完毕后的记录与反馈。”（E07）

顶层设计者在 RAR 项目中是被需要的，因为他们可以整体把控规划项目的方向。在 RAR 项目开发流程之始，需要有一个整体规划的角色，从宏观层面规划和把控 R 与 AR 分别要呈现的内容与效果；随后，整体内容的设计师根据规划来设计真实和虚拟世界叠合的方案，最终将不同部分分配给各个团队，以落实到具体的实践中去。这一工作方式在实践中被证明是有效的，正如 E04 提到的：“……由顶层的规划与设计师从宏观上把控项目质量，随后细化，由设计师将内容设计规划完毕，再与工程方或数字团队相辅相成，这一分工状态我认为是比较完美的。”多领域的跨学科合作对于顶层设计者的学科背景、知识集要求非常广泛。除了艺术设计、计算机、工程等基础学科，设计创新理论、商业模式、城市规划等学科知识也被顶层设计者需要，以便在项目中可以进行整合思考。E01 对此是这样描述的：“（RAR 的顶层设计）是一类革命性的新工作，是一种结合多学科、多领域的复合设计。它串联了现在与未来，并且还将不断更新。”

这一“革命性的新工作”正处于起始阶段，亟需大量的理论和方法论的指导。三位受访者（E01、E03 和 E04）在采访过程中分别从不同的角度提出了对创新的理论和方法论的需求。E01 认为创新的理论或方法论研究可以作为 RAR 空间项目的学术基础，以跨学科的思维将传统的设计、软件、工程、商业等领域融合并创新。E03 希望有一套新的理论来指导项目的落地性，即如何让 RAR 呈现更完善的效果，从而为用户创造更好的体验。E04 从人才的角度思考了这一问题：“从测绘、开发到引擎编写，从视觉传达设计、脚本编撰到三维建模，RAR 项目的产业链跨度非常大，这一新的行业对新的业态也会有所要求，从业人员将会走向一个更综合的学科中去。”

9.5 研究意义

9.5.1 虚实创新拓展设计的边界：新的职业 / 角色的出现

在项目执行过程中，五类创作者所需要的技能、工具甚至思维方式都完全超越了传统设计教育的知识体系。这是因为在项目创作过程中，创作人员需要兼顾现实空间与虚拟空间，创作人员需要跨学科合作来保证项目的可落地性。这一思维方式和合作形式的转变对设计教育的改变也提出了需求。在曾经专注于现实世界的时代里，设计教育的重心在于“造物”，无论是产品设计还是平面设计、空间设计，设计最终的产出都是实物。设计通常发生在开发过程的下游，并专注于使新产品在美学上更具吸引力，或通过巧妙的、引人入胜的广告来增强品牌认知。随着创新领域扩展到以人为中心的流程和服务以及产品，设计教育又开始向服务、系统等整体且无形的内容的设计方向转变。可以预见的是，在未来，当虚实共生的设计需求成为主流，这就要求设计师拥有更全面、更综合的能力，兼顾现实思维和虚拟眼界，跨学科完成合作。在设计和开发过程中，设计师要探索和整合来自多个领域的动态和多样的知识，以便创建创新的、有价值的系统，用虚拟世界的创新赋能真实城市空间。

9.5.2 虚实融合创新对于新型人才的需求促进设计教育的变革

不同于传统的城市规划（面对未来）和建筑设计（面对现在），RAR 是一个既有未来展望又关注当下需求的设计领域，这个领域在不断革新并从中涌现新的技术手段，同时也诞生了全新的职业——RAR 首席创意官，这是一个革命性的新工作，从创新的角度而言有复合型的职责设计。RAR 首席创意官作为团队总负责人，会遇到不同的挑战。比如技术人员关注技术应用的规范化和流程化，会有技术上的瓶颈和障碍，而对于偏艺术创作的视觉设计师，需要考虑如何把个人的艺术审美与团队的设计目标相结合——这些问题都是 RAR 首席创意官需要协调解决的。RAR 不同于传统线性设计，而是时间和空间多维度上的设计，是用户共同参与的设计。因此这也可能是一个新的设计流程或者创新方法，笔者团队正致力于用理论研究和实践项目去总结提炼这些创新的方法，并希望在未来形成一个创新理论。设计教育应当走在社会需求之前，不断扩展设计学的边界，为应对新的技术浪潮和社会需求提前准备。

9.5.3 研究局限性

本章提出的 RAR 创作者画像仍然存在局限性。由于目前仅在台州仙元宇宙项目案例中进行实践检验，模型的通用性受到限制。另外，本章所提出的模型目前主要基于定性研究,缺乏充足的样本和数据进行对应的量表或定量研究。在未来，研究者需要通过项目实践积累更多样本量，针对模型设计更完善的测试，以提升开发者效率。

9.5.4 RAR 创新项目的角色分工与跨学科合作模式

RAR 在多个层面上都具有巨大的潜力，而这一潜力也为开发人员的分配和效率提升带来了挑战。RAR 结合城市场景的项目分别需要哪些角色，这些角色需要什么样的知识、技能与工具仍然处于研究空白。通过访谈 10 位数字内容和演绎灯光的专家从业者，笔者团队得出了 4 条经验：（1）跨学科团队合作在项目中尤为重要；（2）团队之间需要大量的沟通，这不仅要求团队之间需要理解对方的学科语言来清晰表达自己的需求，高效且及时地沟通以避免问题的扩散也很重要；（3）需要一个顶层设计者以便整体地把控项目和规划与方向；（4）由于 RAR 是一个全新的复杂领域，更多的创新理论和方法都亟待涌现，为项目提供学术基础和技术指导。随后，依据半结构化访谈结果和 RAR 创新项目的需求，本章提出了一个全新的职业：RAR 首席创意官，并描绘了 RAR 创作者的画像：RAR 首席创意官、RAR 空间设计师、RAR 媒体传达设计师、RAR 工程师和 RAR 电子工程师。他们各司其职并合作，且在知识集、技能集以及工具集方面均存在一定的重叠关系。为了验证这一模型的合理性，笔者随后通过浙江省台州市官河水街仙元宇宙街区项目进行了实践。项目大致可分为四个阶段：前期准备阶段、设计阶段、制作阶段和现场测试阶段。在四个阶段中，五类创作者通过跨学科的高效合作，基本覆盖了官河水街仙元宇宙街区项目的开发和落地需求，并最终呈现良好的效果。RAR 创作者模型及其实践对跨学科合作和设计教育都有一定的启发。首先，虚实融生的商业场景需求和跨学科合作发挥了双向促进的作用，跨学科合作提升了 RAR 创作的效率；其次，RAR 创新也对教育提出了新的需求，设计教育需要因此做出转变，致力于培养能力更全面的、学科素养更综合的设计师。

参考文献

[1] KRAUß V，BODEN A，OPPERMANN L，et al. CHI '21: Proceedings of the 2021 CHI Conference on Human Factors in Computing Systems [C/OL] New York：Association for Computing Machinery，2021. https://dl.acm.org/doi/10.1145/3411764.3445335.

[2] HUDSON-SMITH A. Incoming metaverses：digital mirrors for urban planning[J]. Urban Planning，2022，7（2）：343-354.

[3] KOZINETS R V. Immersive netnography：a novel method for service experience research in Virtual Reality，Augmented Reality and Metaverse contexts[J]. Journal of Service Management，2022，34（1）：100-125.

[4] FLICK U. An introduction to qualitative research[M]. New York：SAGE Publications Ltd，2022：1-100.

[5] HONAUER M. Beyond costume tradition and physical computing：characterizing the profile of interactive costume creators[J]. Digital Creativity, 2021, 32（2）：99-115.

[6] BROWN T, KATZ B. Change by design[J]. Journal of product innovation management, 2011, 28（3）：381-383.

[7] LYNN SHOSTACK G. How to design a service[J]. European journal of Marketing, 1982, 16（1）：49-63.

[8] DIANE H SONNENWALD. Knowledge exploration in design：boundary spanning roles and strategies [J]. PROCEEDINGS OF THE ASIS ANNUAL MEETING, 1995（32）：200-207.

附录 RAR 商业空间专业从业者访谈大纲

一、项目团队及团队间合作情况

1. 整个 RAR 项目工作团队流程及概况？

（共有几个团队、分别负责什么内容、每个团队大致的人数、项目流程）

2. 您所在 RAR 团队的工作内容是什么？

3. 您在工作中所使用的技能？工具？知识？

4. 在项目实施过程中是否有与其他团队合作的经历？如果有，是什么团队、合作了什么内容、以何种方式合作？

5. 在合作和与其他团队沟通的过程中，是否有合作愉快 / 不愉快的经历？分别是什么原因导致的？

6. 您认为目前的团队分工是否合理？您理想中的 RAR 项目团队应当是什么样的（如共有几个团队，每个团队分别负责什么内容）？

二、对于项目的看法

1. 您之前是否参加过 AR 项目或是使用过 AR 相关的应用？

2. 您之前是否参加过投影演绎 / 灯光亮化之类的项目？

3. 您所理解的 RAR 是一个什么样的项目？

4. 在项目中，您最喜欢 / 印象最深的是哪一部分？为什么？

5. 在本次 RAR 项目中是否有遗憾？遗憾内容是什么？

6. 对这次或是今后其他 RAR 项目的建议？

第 10 章

RAR 真灵技术的设计材料与设计方法

10.1 RAR 的实践：路径、挑战与前景

10.1.1 虚实创新的挑战

元宇宙为智慧城市的未来勾画了一个数据驱动的生活蓝图，这不仅体现了新时代的生活特征，更映射了技术的进步和变革。元宇宙生态系统中广泛应用的技术与智慧城市背后的底层技术紧密相连，目的是整合各种先进的技术解决方案，实现城市各系统的高效协调，并促进公民、场所与事物之间的紧密连接。元宇宙的愿景揭示了未来数据驱动的智慧城市生活的独特之处。虚拟性与城市性之间的交互在数字领域中已经成为热议的焦点，这种特性对城市的生活方式和文化形态产生了深远的影响，这是人类与城市空间的感知交互的结果。为了构建一个稳健的元宇宙智慧城市生态，笔者认为必须深入挖掘并完善支撑元宇宙的核心平台框架。

随着技术的发展，元宇宙、智慧城市和 AR 技术逐渐成为现实生活的变革力量。特别是当这三者融合并共同作用时，它们催生了一个名为“RAR 城元宇宙”的创新实践框架。在本书前九章中，笔者深入探讨了此框架的关键组成、技术基石以及其在当代城市场景中的实际应用。“RAR 城元宇宙”实践框架不仅仅是一个技术合成的成果，更是一种思维变革。它鼓励我们从传统的空间规划和城市管理方式中跳脱出来，采用 AR 技术为城市注入新的活力，实现城市与元宇宙之间的无缝连接。这种新的连接方式为城市带来了更为丰富的信息

交互、更高效的资源利用以及更加人性化的生活体验。此外，RAR 城元宇宙的真正价值不止于此。它更是一种对美好未来城市的呼唤与追求。通过 AR 技术，我们有机会重新定义城市的形态、功能与意义，共同构建一个既充满现代科技魅力，又不失人文情怀的城市空间。

10.2 RAR 的核心框架

10.2.1 RAR 的实践框架

本书主要探索如何在智慧城市中明确地实施元宇宙的实践路径。虽然与元宇宙有关的研究和文献众多，但对智慧城市与元宇宙结合的研究还在起步阶段。在 2020 年，学术界对传统生产与生活模式进行了深入的反思，进而促使城市更加积极地朝向数字化演进。2021 年，随着“双碳”目标的明确以及对高质量城市发展的追求，数字化转型被确立为国家战略，被认为是提升城市综合实力的关键。政府各部门也纷纷制定政策，以加快城市的数字化进程。例如，北京提出了《北京城市副中心元宇宙创新发展行动计划（2022—2024 年）》，强调了元宇宙与城市场景的结合，推动了城市的数字化建设和全生命周期的数字化转型。目前，元宇宙已经开始深入城市的各个领域，不仅在提高城市治理和政务服务方面，还在推动产业创新和满足民众需求方面发挥着日益重要的作用。如吴志强院士所言，元城市，作为智慧城市的进阶版本，将真实与虚拟的城市紧密结合，使之相互促进和共同发展。元城市正成为智慧城市的升级版和必选项。在这个过程中，公众的角色显得尤为重要，他们不仅是元宇宙融入智慧城市的见证者和体验者，也是其直接受益者。他们的体验和反馈是评估数字化成果的重要依据。而在元宇宙这个相对较新的领域，无论是在学术界还是工业界，目前都还没有一个明确且统一的架构和方向。特别是当考虑到将元宇宙应用于社会领域时，我们需要的不仅仅是一个满足工业需求的框架，更需要有宽广的视野和前瞻性的思考。

10.2.2 RAR 融合创新平台框架

目前，多个城市正在探索如何将元宇宙整合至其城市规划策略中，特别是那些在智慧城市发展上具有领先地位的国家都在尝试利用 AR 技术助推智慧城市的建设。以新加坡为例，他们采用了 VST（Virtual Simulation Technology，虚拟仿真）技术，用以模拟预测未来的发展模式，并评估不同政策选择的可能效果。这种方法增强了新加坡在构建韧性和可持续的城市框架方面的能力。

与此同时，沙特阿拉伯在推出其创新项目“认知数字孪生元宇宙”（XVRS）后，在数字化和技术领域都取得了显著进展。这个尖端技术平台为用户在 NEOM（Neo-Mustaqbal，意为“新的未来”）项目中提供了一个独特的体验，即在虚拟世界和现实世界中双重存在，这是通过虚拟化身或全息投影来实现的。在这个平台上，用户能够直接参与决策制定，从而对 NEOM 的城市规划和设计产生实质性的推动。

尽管我国已经初步认识到 AR 技术在智慧城市建设中的潜在价值，但目前我国在该方面的实践仍主要限于理论探讨，而缺少具体的实践框架和系统平台，尤其是在顶层设计方面的不足更为明显。鉴于我国广大的地域和城市间丰富多样的形态与文化差异，研究如何构建一个灵活且能广泛应用的元宇宙创新平台，以满足各地不同的需求，实现多点投放，成为一个紧迫的研究任务。元宇宙不再只是一种技术，而是一种新的发展模式、一条新的转型路径，是具有推动我国各行各业深刻变革的新动力。

10.3 RAR 核心框架的发展前景

本节将探讨由核心框架发展而来的两个关键的框架，它们被设计以促进元宇宙概念的实际应用和研究进展。“RAR 元宇宙”实践框架首先被提出，源自笔者团队对其项目实践的归纳和抽象。这一框架经过实际应用的检验，并被认定为适用于中国城市化进程中数字经济发展的导向性框架。尽管其在指导城市元宇宙实践层面颇为成熟，但在研究方向的引领上尚不全面。

为补足这一研究指导上的空缺，并在吴志强院士提出的 CIM 9.0 智慧城市理念的基础上进一步创新，笔者团队结合了 AR 技术，并吸纳“RAR 元宇宙”

实践框架的经验，进而构建了“城元宇宙”融合创新平台框架。该框架意在推动城市管理向智能化转型，通过提升信息化和智能化水平，显著提高城市规划、建设及管理的效率和质量。

上述两个框架展现笔者团队对将元宇宙理念与城市发展相结合的系统性思考，并清晰地展示了从元宇宙实践到城市智能管理的递进逻辑。相辅相成的关系使得这两个框架共同构筑起一个针对城市级元宇宙发展的综合性方法论体系。

10.3.1 “RAR 元宇宙”实践框架

本书依托福州的“福元宇宙”、台州的“仙元宇宙”和青岛的“海元宇宙”三个实践项目的经验积淀，着眼于从实践中挖掘和定义产品的技术和功能框架。笔者基于这些宝贵经验，逐步细化和总结出一套元宇宙设计模式，并借此构建一款元宇宙设计辅助平台产品。

从实践到产品构建的转化过程中，产品团队起到了至关重要的作用，负责项目的整体规划、设计以及业务对接。在 App 设计、RAR 秀内容设计等关键环节，虚实设计团队和智能规划团队被引入。此外，在设计的早期阶段还涉及现场空间数据的采集和增强现实内容和交互的设计。整个流程在产品团队的测试和发布中达到尾声。在团队分工基础上，本书提出了一个独特的“城元宇宙”设计模式，致力于为元宇宙提供全方位的规划和设计服务。该设计模式侧重于对象调研、空间结构、内容设计、虚实创作和场景应用五大核心领域，确保了设计的全面性和深入性。在智能城市规划与元宇宙的交叉领域中，笔者构建了一个全面的算法基础。在空间结构方面，研究主要依赖于三个子领域：空间数据采集与扫描、空间数据存储以及空间数据调用技术。

首先，在空间数据采集与扫描的子领域中，笔者团队采用了一系列硬件设备，包括但不限于激光雷达、全景相机和深度相机。为了确保采集到的数据的准确性与完整性，笔者团队同时使用了与硬件相匹配的软件应用，如波利肯（Polycan）、露玛人工智能（LumaAI）、现实捕捉（Reality Caputure）和元构形（Metashape）。完成数据采集后，所获得的三维坐标（XYZ）、激光反射强度（Intensity）和颜色信息（RGB）等关键参数被整合成点云格式，并被

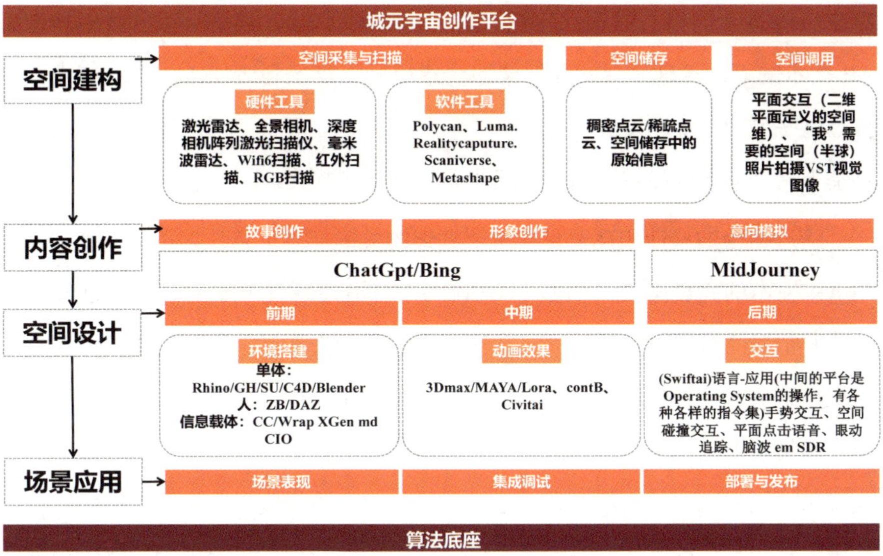

图 10-1　“RAR 城元宇宙”实践框架
来源：笔者自绘

妥善存储。在空间数据调用方面，笔者提出两种策略以满足不同的应用场景：离线使用时，采用 DCC 工具进行数据处理；在线应用时，确保每秒帧数超过 12 帧，并采用预测性的补帧技术来保障用户体验的流畅性。此外，在内容创作的领域，笔者采用了 AI 技术，如聊天生成预训练变换器（ChatGPT）和必应人工智能（BingAI），以辅助故事与形象的构建。在意向模拟的子领域中，工具如 Midjourney（是一个生成式 AI 平台，能够根据用户提供的文本描述创建高质量的图像）、Segment Anything（是一个计算机视觉工具，设计用于自动分割和识别图像和视频中的物体）和 Stable Diffusion（是一个文本到图像的合成模型，能够根据给定的文本提示生成详细且连贯的图像）。

综上所述，这是一个从空间建构，再到内容设计，再到虚实创作，最后到场景应用的“RAR 城元宇宙”实践框架（图 10-1）。该框架不仅实现了虚拟与现实的无缝整合，而且确保了内容与逻辑之间的紧密闭环。

10.3.2　“城元宇宙”融合创新平台框架

在当代城市化进程中，AR 技术与智慧城市的整合显得尤为关键，它不仅为城市数据的可视化和分析提供了创新手段，而且助力于实现更高效、更有深度的城市管理和决策支持。基于此，笔者团队提出了一个聚焦于智慧城市与元宇宙深度融合的核心框架，旨在打造一个结合“可扩展性”智慧城市理念和AR技术的综合管理平台。该框架的构建目标是满足多个城市的广泛需求，并推动这些城市的协同发展。鉴于组织与各相关方之间交互需求的迅速增长，一种基于智慧城市的高效协同与交互策略也得到了探索。

管理平台的设计和开发是本研究框架的关键部分，它致力于实现智慧城市与AR技术的完美融合。借鉴了CIM9.0[1]的相关研究（图10-2），框架被设计成五个时间维度，包括前天、昨天、今天、明天和后天。框架主要由五大核心维度组成，分别是情感、行为、环境、物体和反馈。情感维度采用了生物标志物和传感器技术来捕获和分析用户的情感反应。行为维度则关注用户的行为模式和互动方式，以提供更为个性化的体验。环境维度重在系统对室内和室外环境的感知和分析，如实时的微气候监测，确保与用户体验匹配。物体维度涉及物体的智能识别和交互，结合了CAD等工具和POI、AR标签等技术。反馈维度为用户提供多种反馈方式，如图形、音频和触觉反馈。

在平台开发过程中，数据收集将结合当前主流的社交媒体平台，如抖音、微博和小红书，借助这些平台，可以有效地收集民众的数据和反馈。后续开发将使用多城市的数据来训练AI模型，用于灾害预测、二次灾害评估、救援策

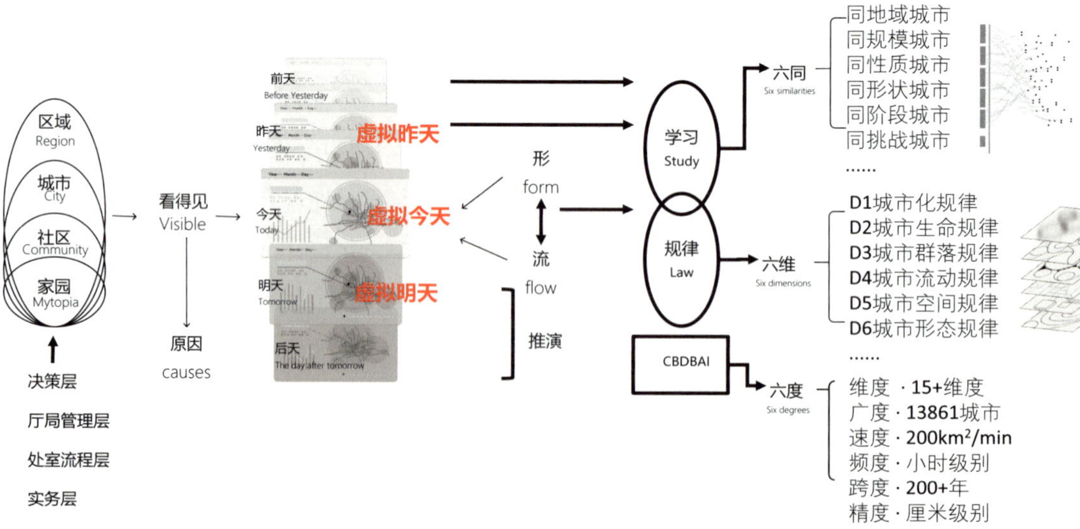

图10-2 CIM 9.0逻辑框架
来源：笔者自绘

1 CIM的概念源于上海世博会，由总规划师吴志强于2005年提出。他强调所有规划设计方案需遵循统一的BIM标准，并领导总师办开发了能够支撑单体建筑设计的CIM平台。现如今，CIM已经发展到9.0版本。

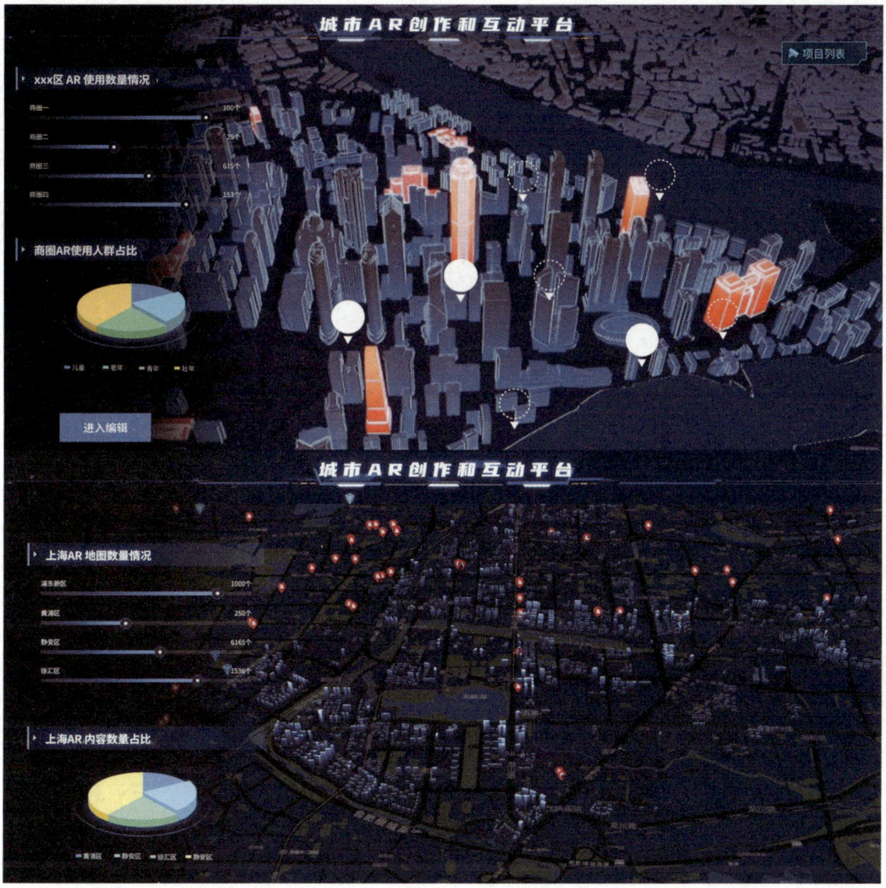

图 10-3　城元宇宙融合创新平台效果图
来源：笔者自绘

略和灾后重建。数据处理结果将部分用于可视化，部分用于提供给专家进行态势感知。

技术上，本研究采用了基于 VPS（Virtual Private Server，虚拟专用服务器）的 AR 系统，并结合大空间点云识别技术进行细致的三维空间数据分析。高精度的传感器技术经过严格的预处理后被用于数据采集，借助深度学习技术，实现数据的精确分类和定位，并通过游戏引擎（Unity）和增强现实框架（AR Foundation）技术，实现真实世界数据与 AR 场景的完美融合，为用户提供沉浸式的增强现实体验（图 10-3）。

10.4 两个城元宇宙框架发展前景

元宇宙不仅是智慧城市的镜像，而且是其深度融合与转型的见证。随着城市从数字化的孤立系统向全面整合的系统逐渐演进，并从初级建设逐渐转变为持续可维护的运营模式，我们看到了从政府主导向多元化市场参与的转变。这种转型并非出于选择，而是社会经济发展的必然结果，数字化的进步正在改变我们的文化和生活方式。通过三维城市设计的实时可视化模型，我们可以更深入地对比和分析城市的现状与设计，实现更有针对性的规划评估，为决策和建设提供新的方向。综上所述，未来城市管理的核心框架将倾向于利用虚拟现实技术构建的城市可视化三维仿真系统，结合数据整合和互联技术，实现更高效、更智能的城市管理。

10.5 创新框架在智慧城市中的创新应用与挑战

本章重点介绍了元宇宙技术与智慧城市融合的创新框架，以及“RAR 城元宇宙”的核心内容与关键结构。基于 AR 技术的城市建设，不仅提升了城市公共资源的管理效能，还为决策者构建了一个感知城市全貌并进行调度指挥的工具平台。尽管这为元宇宙赋能城市的未来创新提供了宝贵的思考，但当前的挑战仍然巨大且复杂。

本书借助吴志强院士构建的城市大数据库（CBDB），以及智能诊断部（AIDIA）的深度资源，对“城元宇宙”的融合创新框架以及“RAR 城元宇宙”实践框架进行了初步探讨，并已将其转化为实践应用。未来的学术探索会对此领域进行更深入的研究和完善。

在当代的智慧城市研究领域中，元宇宙的概念已逐渐被纳入考量。本章致力于探讨如何将元宇宙理念与城市的建设和智慧城市相结合。通过物联网技术和数字孪生的运用，元宇宙为城市监控提供了一种更为简洁且高度可视化的方法。此外，区块链等尖端技术的融入为公共服务的优化和政策的形成提供了新的视角和解决方案，助力政府更精确地识别并应对城市问题。智慧城市的公众用户现可借助元宇宙在任意位置沉浸式地体验与现实世界相似的虚拟场景。更值得注意的是，元宇宙为城市问题的模拟提供了全新的平台，无论是自然灾害的预测、交通流量的模拟还是犯罪行为的预估，均可在此框架下得到细致的模拟和深入的分析。这些模拟为决策者提供了有力的工具，使其能够更为迅速和准确地响应城市问题，从而提高居民的生活安全和舒适度。综上所述，元宇宙在智慧城市领域的应用为增强公民的生活质量提供了新的可能性和方向。

参考文献

[1] SHAHZAD A. proactive role of IoT devices in building smart cities [J]. Internet of Things and Cyber-Physical Systems，2021，1：8-13.

[2] LV Z，SHANG W L，GUIZANI M. Impact of digital twins and Metaverse on cities：history，current situation，and application perspectives[J]. Applied Sciences，2022，12（24）：12820.

[3] HUBER S. Metaverse could be every city planner's dream[EB/OL].（2023-08-02）[2024-05-06]. https：//wired.me/technology/metaverse-urban-planning/.

[4] ZHANG G C，KOU X Y. Research and implementation of digital 3D panoramic visual communication technology based on Virtual Reality [J]. International Journal of Communication Systems，2021，35（5）：1-19.

第 11 章

虚实创造中的信息安全问题

11.1 数字化设计教育的创新与信息安全挑战

11.1.1 元宇宙概念的提出

1992 年，美国著名科幻作家尼尔•斯蒂文森（Neal Stephenson）推出了自己的科幻小说《雪崩》（*Snow Crash*），“元宇宙”（Metaverse）这个词即是尼尔•斯蒂文森在小说中创造的。它由“Meta”和“Verse”两个词根组成，“Meta”表示“超越”“元”，“verse”表示“宇宙”。在小说中，所有现实世界中的人，在元宇宙中都有一个“网络化身”（Avatar），人们可以通过网络化身在一个使用真实世界隐喻的三维虚拟空间中进行互动。

2021 年是元宇宙建设元年，作为未来数字经济重要组成部分，元宇宙已经被各国企业和政府视作重要战略方向。综合现有文献，笔者得出了元宇宙的社会性定义：元宇宙有一个可扩展的环境，可以容纳许多人，是一个建立在 XR 和 MR 等底层技术基础上的具有社会文化意义的虚拟社会。

2022 年 5 月，中共中央办公厅、国务院办公厅印发《关于推进实施国家文化数字化战略的意见》。意见明确，到“十四五”时期末，基本建成文化数字化基础设施和服务平台，形成线上线下融合互动、立体覆盖的文化服务供给体系。上海市“十四五”规划首次提及元宇宙时，提出要进一步加强元宇宙底层核心技术基础能力的前瞻研发等。随着新兴创新技术（如人工智能、大数据、物联网和数字孪生）提供丰富的数据集和对人类行为的先进计算理解，元宇宙有可能重新定义城市设计活动和服务供应，以提高城市效率、责任和质量表现。城市维度的元宇宙将成为数字经济时代各城市之间竞争的主战场。

11.1.2 RAR 系统及虚实创造概念

在RAR虚实生态系统中，AR技术部分可进一步提炼出以下三大技术特征。

1. 虚实结合

将计算机生成的虚拟内容与真实世界相叠加，以实现对现实场景更直观深入的了解和解读。

2. 实时交互

通过增强现实系统中的交互接口设备，人们以自然方式与增强现实环境进行交互操作，且满足交互信息的及时反馈。

3. 三维定位

AR 技术的核心特征，是以现实中二维或三维物体为标识物，将虚拟内容信息与现实场景信息进行位置校准匹配，即虚拟内容的位姿需与真实场景完美匹配，从而实现虚实相生的效果。

因其技术特征及应用需求，此过程需要收集大量的用户个人、公共场域及空间地理相关信息来进行数据处理分析。

11.1.3 虚实创造环境下的信息安全问题

1. 数字化

数字化涵盖了虚实创造设计的整个过程和各个环节，包括创意生成、概念开发与筛选、创作过程、分析决策、原型测试评估与迭代、交流协作等方面。其间每个环节都涉及大量且多样的数字信息收集和处理，如无对应的信息安全规范，则可能产生一些信息安全问题。

2. 群落化

因虚实融合等数字化技术的发展使得虚实创造中的协同设计拓宽了参与者的范围，将设计过程开放给更广泛的多元参与者，包括设计师、非专业大众、跨学科专业人士、利益相关者、设计教育和研究群体。广泛的创作参与者为虚实创作带来了更多的信息维度，同时，因创作群体的多样性，其对信息安全的规范操作认知存在一定差异，从而导致一些信息安全问题的产生。

3. 可用性

虚实创造的产物需呼应现实生活的需求，通过对真实世界信息的分析指引虚拟内容的创造方向。考虑到不同主体获取信息的路径和权限差异，所获得的信息内容也有一定的落差，可能会因此产生一些信息安全问题。

RAR 虚实生态系统较之传统创造提供了更数字化、更群落化、更具可用性的信息内容服务，但同时也可能带来一些信息获取、信息处理、信息转化方面的安全风险。

根据中华人民共和国民政部信息中心发布的内容，“信息安全是指信息系统（包括硬件、软件、数据、人、物理环境及其基础设施）受到保护，不受偶然的或者恶意的原因而遭到破坏、更改、泄露，系统连续可靠正常地运行，信息服务不中断，最终实现业务连续性。信息安全主要包括以下五方面的内容，即需保证信息的保密性、真实性、完整性、未授权拷贝和所寄生系统的安全性”。

由此可以提炼出有关信息安全问题的以下五种具体情况。

① 信息泄露：是指个人或组织的私有、机密信息被有意或无意地发布到危险环境中。

② 信息虚假：在需要用户授权获取信息时，用户基于安全考虑或其他因素输入虚假信息，在未经校对和监管的工作流程中，当虚假的信息流入信息群组后，易使信息处理结果产生误差。

③ 信息缺失：是指在收集信息的过程中，用户对问题的遗漏、拒绝，或是信息收集系统及信息处理人员本身的一些疏忽，致使一些信息数据的缺失。

④ 信息盗用：是指盗窃存储在计算机、服务器或电子设备上的数字信息以获取机密信息或损害隐私的行为。

⑤信息滥用：是指除了向用户说明的用途外，在获取用户授权后获得的信息被用作他途。

11.2 讨论信息安全问题的必要性

11.2.1 信息安全的重要性

随着信息技术的发展和应用市场的扩大，信息安全权益所覆盖的内容逐步增加，包含社交媒体、云计算服务、数据价值挖掘及趋势分析预测等。

其中就信息安全问题的讨论有以下观点。

1. 信息安全的规范保护了社会进步的积极性

信息安全是对自由自我的一种保护形式，其面向的“自由自我”并不是真实存在的主体对象，而是依据当前所处社会环境构成的概念。它不只指向具体的自然人，也可能是一家商业公司或一个政府机构。信息安全保护了他们在所处社会环境下的行为的可预测性和主观性，从而保护商业创新成果或国家发展利益免受侵害。从这一角度来说，信息安全规范并没有阻碍社会发展的进步，相反，它保护了个人或群体在创新发展行为上的积极性和安全有效性。

2. 信息安全的规范提高了社会进步的门槛

大数据及其分析是现代科学和商业的核心。它在医疗保健、公共部门、零售市场、制造生产等领域都有着巨大的发展潜力。而当信息安全规范要求阻止信息数据无条件互通时，会提升信息调用的即时性门槛，影响或阻碍社会的正常运行。例如在新冠疫情期间，健康码作为一种数字化防疫措施，本应为复工出行的群体创造便利，但因全国各省份之间数据不共享、缺乏互认机制，导致人员流动增加了不必要的隔离成本，使疫情期间人们的出行意愿大幅降低。因此，即使在信息的处理流程中存在因操作不当而产生的风险，利用信息进行商业布局或政治规划本身是一种促进社会发展的行为。

两种对立观点的讨论显示，在信息时代，“信息安全”在人们日常生活中影响逐渐增大。然而信息安全规范本身不应被作为积极的或消极的对象看待，其本身作为信息获取、处理与应用的操作规范，旨在帮助平衡信息共享与信息安全之间的平衡。而当下随着技术的迭代，信息安全问题应当被纳入相应的考虑，而不是等技术完全成熟时，再追溯性地尝试探索相应的信息安全保护措施。因此在本章中，笔者将尝试从设计创新从业者的角度，从体验系统的框架设计流程方面，提出 RAR 虚实生态系统下的信息安全规范原则及面向信息安全保护措施的相应建议。

11.2.2 国内外信息安全的重视程度及信息安全保护的核心原则

信息安全相关的设计是信息安全领域极为重要的理念和原则，在技术高速发展的今天具有高度延展性和包容性，充分保障用户的个人数据，也代表信息安全文化和企业自律的发展。

信息安全保护设计要求设计师们兼顾信息内容主体与其他对象之间相互包容，其设计应贯穿始于采集、终于销毁的信息数据处理活动全生命周期。加拿大学者安•卡沃基安（Ann Cavoukian）认为，一个充分实践信息内容安全设计的策略组织必将在商业关系中获得更多的信任。

在安•卡沃基安之后，许多学者和权威机构将信息安全设计由理论推向实践，并通过一整套体系化、标准化、规范化的过程和办法，确保信息安全设计可以被充分实践。

为使信息安全保护设计融入工程项目生命周期内，关于《信息技术 安全技术 系统生命周期流程的隐私工程》（ISO/IEC 27550：2019）结合关于《系统和软件工程 系统生命周期过程》（ISO/IEC/IEEE 15288：2023），对采购过程和供应过程、人力资源管理过程、知识管理过程、风险管理过程、相关方需求管理过程、系统需求定义过程、架构定义过程及设计定义过程进行描述，从不同维度对一项工程项目的信息安全进行设计规范。

现行的相关标准文件更偏向于提供方向索引的功能，随着各行各业融入虚实创造的创作方式，更多不同行业所需遵守的信息安全保护规范也将被纳入讨论范围。然而将各行业的信息安全保护内容固化成一个通行的规范标准，不利于为后续各行各业的发展提供具有前瞻指导性的参考。因此在讨论信息安全保护规范设计时，主要针对设计原则的规范。

针对信息安全保护相关的设计原则中，其核心在于以下三点。

（1）依据当前最新技术发展阶段及当下可控成本下进行的规范。由于技术不断向前发展更新的趋势，其规范内容应具有一定的前瞻性和包容度，但同时也要满足对目标群体的信息安全保护。

（2）信息安全保护规范在设计时应包含技术与制度上的规范，而不应对实行规范的具体内容进行设计。即，应当对行业中共有的工业流程进行规范，而不应针对具体项目的具体内容细节进行过多干涉。

（3）信息安全保护规范的覆盖时间应包含从信息获取到销毁的全过程。用户应完全享有从信息授权到信息销毁全过程中的自主选择权。

11.3 在虚实创造中进行信息安全规范的方法

11.3.1 信息安全问题产生的原因

1. 相关领域监管条例

当前在中国境内关于个人信息保护的法规只有《中华人民共和国个人信息保护法》《中华人民共和国国家标准信息安全技术个人信息安全规范》和《中华人民共和国网络安全法》。暂无针对虚实创造中涉及的 RAR 技术特征及应用范围的相应个人信息保护法案。

在明确的法律法规颁布前，各企业只能按照自己的理解，来确定提供产品服务所需要获取的必要信息，其结果与官方定义的必要信息会存在一定的偏差。

2. 信息获取及后续整理的流程规范性

虚实创造作为一种新兴的创作方式，在行业标准技术规范和管理上仍处于空白阶段。作为一种依托于现实空间实时动态信息的虚拟内容创作，其本身创作流程需要大量的数据库和数据分析作为创作的内容支撑。

而在缺乏技术规范指引的情况下，企业会因根据自己的业务需求和数据分析需求，来尽可能获取更多的信息数据内容。

3. 信息传播路径的稳定性

在虚实创造方式中，信息的获取已不再是单一的二维尺度，而是通过空间维度进行三维意义上的信息获取。在全新的信息获取路径下，信息的获取依托设备对空间维度的信息识别能力。例如，当空间缺少足够的标识物来帮助进行位姿判断时，空间定位系统就会因缺少足够的信息从而无法提供虚实对位的内容呈现服务。

4. 信息保存及管理的安全性

在虚实创造的环境下，信息的交互路径不再是“人—设备—设备—人”，而更有可能是“人 + 设备—人”。在此情景下，未佩戴设备的群体的位姿信息将处于无意识被获取的状态，而对此类信息，当前暂无信息保存和管理的相关规范和处理。

5. 信息获取来源的可溯性

在虚实创造的环境下，对信息获取来源没有可追溯的途径。这可能导致当信息泄露时，用户无法追责滥用信息的平台方。在无追责环境下，信息在被平台获取后被滥用甚至售卖的情况也将失去被舆论或官方机构监管的可能性。同时在商业利益的驱动下，平台方可能将用户信息用作他途。

11.3.2 虚实创造下涉及的关于信息安全的伦理问题及其重要性

根据《世界人权宣言》，倡导以基本人权为基础的价值观和原则是发展公平信息社会的核心。

1. 隐私泄露问题

RAR 系统具有随时随地保真性记录、永久性保存、还原性画像等强大功能。个人的身份信息、行为信息、位置信息甚至信仰、观念、情感与社交关系等隐私信息，都可能被记录、保存、呈现。如果这些信息未经用户同意被泄露、滥用或盗用，将损害用户的隐私权。

2. 虚假信息传播

如果 RAR 系统中存在信息虚假问题，即用户故意提供虚假信息，导致系统的处理结果产生误差或误导，可能会影响其他用户的判断和决策。这种虚假信息传播可能违背了信息诚信和可靠性的伦理原则。

3. 数据鸿沟问题

一部分人能够较好占有并利用大数据资源，而另一部分人则难以占有和利用大数据资源，这会造成数据鸿沟。数据鸿沟会导致信息红利分配不公问题，加剧群体差异和社会矛盾。

4. 信息知情和同意问题

在RAR系统中,用户需要授权提供一些个人信息,以获取特定内容或服务。如果系统在信息收集和使用过程中缺乏透明度，未充分告知用户信息的使用目的和方式，缺乏明确的知情同意，将涉及伦理问题。

5. 技术滥用和信息滥用

在 RAR 系统中，如果信息泄露、盗用或滥用问题出现，这可能涉及技术滥用和数据滥用的伦理问题。

11.3.3 虚实创造在信息安全方面的伦理规范

应针对信息安全引发的伦理问题，确立相应的伦理原则。

（1）无害性原则：信息获取及使用应坚持以人为本，服务于人类社会健康发展和人民生活质量提高，确保对个人和社会没有伤害。

（2）权责统一原则：谁获取谁负责、谁使用谁负责，保证权利和责任的统一。

（3）尊重自主原则：充分赋予信息所有者存储、删除、使用、知情等权利，尊重个人隐私和自主权。

（4）综合利益原则：在信息获取和使用中，应平衡个人权益和社会利益，促进信息社会的发展与进步。

（5）风险管理原则：采取必要措施消除信息安全引起的伦理风险，包括防止信息泄露、虚假信息传播、信息盗用和滥用等，保护个人和组织的利益。

11.3.4 依照伦理原则，针对虚实创造信息安全问题的解决方案

1. 匿名化或模糊化处理信息

针对为了提供相应服务而不得不获取的信息数据包，在数据整合处理时进行模糊或匿名化处理，防止除了核心数据外的其他信息泄露。例如，在获取实时空间数据信息时，除面向服务的用户信息，空间中出现的其他用户信息都应进行匿名化处理。以保证除用户授权的信息外，不再获取其他未经授权的信息内容。

2. 限制数据收集区域

针对 RAR 系统下高强度的信息交互频次及厘米级空间数据扫描的数据获取特征，可以在空间上进行数据获取限制规范。参考 DJI 大疆无人机的安全飞行指引，内容建议限制了用户的咨询获取空间，包括但不限于机场、监狱、核工厂等和一些突发事件造成的临时限飞区域。针对不同的区域，系统将会给出“警示区、加强警示区、授权区、限高区、禁飞区等”不同的飞行警示。以保护公共信息安全，防止涉及公共安全相关的敏感信息泄露。

3. 制定信息管理规范

根据产品或服务的技术要求，应在统筹布局阶段制定相应的信息管理规范，充分考虑所需信息需获得的法律准许及用户信息保护原则，包含用户知情原则、用户主动同意原则、信息收集最小可用原则、隐私原则、可关闭原则、未成年人保护原则。在后续工程项目运营时，应提供信息获取的范围大小及信息处理相应的参考规范。

4. 用户信息管理引导

根据产品或服务的技术要求，平台应提供清晰明了的个人信息管理功能，包括个人资料编辑、隐私设置、权限控制等。用户应该能够直观地了解哪些信

息被收集，以及如何控制和修改自己的个人信息。平台应提供个性化的隐私设置选项，让用户能够自定义信息的共享范围和可见性，满足不同用户对隐私保护的需求。

11.4 未来的方向

本章基于 RAR 城元宇宙下的虚实创造创作方式所衍生的信息安全问题，就技术背景、技术特征、相关领域研究，并对其产生的原因和涉及伦理进行了分析。结果表明，虚实创造作为一种新的创作方式，其信息数据的数字化、群落化、可用性，为社会发展带来更多消费、娱乐、生产的可能性的同时，也带来了较之传统创造更多的信息安全问题。

本章从设计从业者的角度提供了信息获取区域规范和技术处理建议，以此来尽量避免信息数据的过度泄露或不当使用。为后续行业发展时可能遇到的信息安全问题提供一定的参考建议和指引规范。

参考文献

[1] PARK S M，KIM Y G. A Metaverse：taxonomy，components，applications，and open challenges[J/OL]. Ieee Access，2022，10：4209-4251. https://ieeexplore.ieee.org/document/9667507.

[2] KIM M，NOH Y. A case study of the fashion brands marketing via Metaverse[J]. The Journal of Transdisciplinary Studies，2022，6（1）：57-76.

[3] ALLAM Z，SHARIFI A，BIBRI S E，et al. The Metaverse as a virtual form of smart cities：opportunities and challenges for environmental，economic，and social sustainability in urban futures[J/OL]. Smart Cities，2022，5（40）：771-801. https://www.mdpi.com/2624-6511/5/3/40.

[4] RONALD T AZUMA. A survey of Augmented Reality[J]. In Presence：Teleoperators and Virtual Environments，1997，6（4）：355-385.

[5] COHEN，JULIE E. What privacy is For[J]. Cohen-Final Bookproofs，2013，126（7）：1904-1933.

[6] 朱玲凤，汪明 . 从概念到实践：数据保护设计和默认数据保护的延展和适用 [J]. 中国信息安全，2021（3）：78-81.

第 12 章

设计指南总结

本书最终总结以上内容，得出以下 RAR 设计指导原则。

1. 沉浸感

沉浸式元宇宙体验，通过实时渲染引擎可以模拟不同主题氛围的城市场景，支持在场景中的漫游，在真实环境中探索并与之自然互动，允许用户通过逼真的界面虚拟而自然地实时体验物理空间的增强版本。用户当前对真实城市空间、环境和互动体验的感知是通过使用叠加在现实之上的 3D 模型和虚拟场景来传递和增强的。由此可以实现更深层次的基于场所的参与，增加沉浸感和参与感，赋予用户增强的城市环境和更丰富的感知体验。

2. 在地性

要在 RAR 的概念构想引领下，重塑城市物理场所，元宇宙平台的在地性应支持用户对当地历史文化价值的理解，并激发用户对该场所的更强烈的情感态度、对多元文化场所的意义的解构与重塑，来重建和增强本地场所的体验。

3. 互动性

用户可以通过增强现实系统平台实时参与查看、操纵和修改在真实世界环境中实际上不可用的对象，这些对象是将真实世界与虚拟世界相结合所看到的内容。在元宇宙平台上用户甚至可能为自己创造可定制的体验，因此可以刺激愉悦感，有助于提升体验价值。

4. 生动性

元宇宙 3D 可视化的能力，可以产生感官丰富的媒介环境。生动的信息可以是任何类型的信息（例如图片、视听内容和彩色样本），结合真实世界和虚拟世界，清晰、详细和定义明确的演示，并且应有助于用户在脑海中描绘出未来即将到来的产品或服务体验。生动性通常与产品的美学吸引力和展示质量相关联，通过丰富有趣的信息呈现，促使用户对产品相关信息进行更彻底的评估，影响消费者的认知过程。

5. 信息量

元宇宙的数字内容包括信息和图像在内的虚拟元素，覆盖真实物理环境并且位置精准对齐。元宇宙的信息质量与涉及的产品信息的准确性、相关性、个性化和便利性有关。其能有效地为用户提供足够且易于理解的信息，满足其个性化需求，使人游有所学、学有所感，在有限的体验时间内高效地收获知识和信息。

6. 美学性

美学性要求元宇宙平台中的 2D 图形或 3D 模型外观具有较高的视觉吸引力。视觉吸引力是由图形外在的吸引力和内在的优雅性的刺激形成的，可以通过设计、颜色、生动性和虚拟与现实的契合度来控制。界面设计质量上，2D 视觉图形和移动应用的 UI 界面表现风格应具有美感。AR 视觉质量上，3D 视觉信息应具有真实感和高清晰度，同时在视觉风格上保持整体统一、和谐。

7. 享乐性

元宇宙平台能够满足用户娱乐、审美享受或情感释放的需求。能够让用户在真实物理环境中扫描、体验、发现虚拟元素的过程中感到有趣、愉悦。丰富用户可支配的内容和信息，从而改善体验和对真实环境的感知，以创造身临其境的环境和有趣、好玩的体验。

8. 易用性

元宇宙平台的前端必须可以让用户快速、可靠、简单方便地上手使用，在使用其中的功能时不需要耗费太多的认知资源。应具体要求用户端 App 界面布局清晰简洁，易于浏览；AR 功能容易使用，交互逻辑简单且符合常规；PC 运营平台功能划分明确，方便运营人员快速查找对应操作项；内容更换、编辑功能快捷可靠。

9. 有用性

有用性是鼓励消费者在使用 AR 等元宇宙互动技术方面的可持续关系行为的最关键因素。使用元宇宙技术可以提高用户的任务绩效，具有帮助用户模拟体验、试用和购买商品的能力，还能在虚拟内容中呈现正确和有用的产品信息（如产品名、颜色和系列），并提高消费者购买产品时的决策能力。

10. 文化性

在以某个城市为基点设计 RAR 体验时，应尽可能地结合具有历史和文化价值的形象和叙事，以塑造城市的独特形象并增加其与其他城市的区分度。通过结合最具代表性的历史和文化元素，AR 体验可以为用户带来一种深度沉浸式的感知，通过虚拟叠加的形象和叙事使用户能够感受到时间的流转和历史的沉淀。

11. 商业性

通过 RAR 技术，我们可以考虑在适当的场所中，将商业活动、文化展示和社交互动等元素与空间相结合，以达到充分利用空间，实现适当的文化经济结合的目的，从而提高空间的活力和可读性，吸引更多的用户，促进区域经济发展和活跃。

12. 可访问性

AR 设计应该考虑到各种用户的能力水平和障碍，确保界面和操作方式易于理解和使用，提供多样化的交互方式。例如，用户可以通过语音识别系统来发出命令或询问问题，从而控制虚拟物体或获取相关信息，接收虚拟物体或信息的反馈或提示，或者允许用户通过简单的手势识别系统来控制虚拟物体的显示、移动、缩放和旋转。

13. 可定制性

提供用户自定义选项，允许用户根据自身需求进行界面和功能的调整。比如对功能界面进行排列组合、标记常用功能、通过触摸真实物体或基准标记来触发特定虚拟物体或信息的出现。

14. 信息增强

AR 技术提供增强的信息反馈和指引，可以帮助弱势群体更好地理解和参与活动。比如通过 AR 设备（如眼镜、手机等）看到真实场景中的文字信息，并且可以选择对某些文字进行强调显示，如放大、高亮、翻译等。或者使得用户能够通过 AR 设备（如耳机、手机等）听到真实场景中的语音信息，并且可以选择对某些语音进行提示，如重复、翻译、解释，对现实世界信息进行标注、测量、分析等。

15. 空间适应性

考虑到弱势群体在空间导航和环境感知方面的障碍，设计 AR 应用时应提供导航辅助、地标指引、障碍物检测等功能，帮助用户更好地理解和操作现实世界。因弱势群体的感知能力在不同维度有不同的缺失，需要增强其对空间方位的识别能力，避免其在虚实世界中感知混乱。比如，AR 应用通过具体的地标指引，帮助用户在狭小空间内识别具体的方向，重塑方位认知；通过障碍物检测与警示的手段，帮助解决弱势群体在移动时，避免因虚实融合的信息过于复杂而产生安全问题。

16. 社交性

RAR 可以为弱势群体提供与其他用户之间的社交交流和互动机会，以减少社交排斥和孤立感，还可以增加用户在虚实融合的世界中与他人社交沟通的机会，避免用户完全沉浸入自己个人的空间，使整个 RAR 社区产生很强的社交孤独感与独立感。增加多人共同体验的模式可以使用户在虚实世界中的多人共同互动成为可能。提供社交沟通的接口，可以使用户能够在虚实世界中与他人发生对话与信息交换，同时保留用户独立探索虚实世界的模式，避免强行增加的社交负担。

17. 教育性

利用 AR 技术提供教育和培训的支持，可以帮助弱势群体获取知识和技能，并提供适应个体的学习风格和个性化的学习内容包括定制的虚拟实验室、交互式教学材料等。辅助学习工具包括可视化解剖模型、虚拟实地考察等。

18. 可持续性和经济性

RAR 设计应具备可持续性，考虑资源利用和环境影响，降低使用和维护成本，确保经济实惠。节约能源和资源的方式包括使用低功耗的传感器和处理器、成本效益高的硬件设备和易于维护更新的软件系统。

19. 信息安全性

重视用户隐私安全，保护个人信息和数据。应采取适当的措施防止数据泄露或未经授权访问。例如使用加密技术，如 SSL（Secure Sockets Layer）/TLS（Transport Layer Security）协议等方式，或匿名化数据收集、用户许可控制、安全漏洞修复和更新。